対論!
生命誕生の謎

山岸明彦
Yamagishi Akihiko

高井 研
Takai Ken

インターナショナル新書

はじめに――生命の起源を研究することの不可思議な魅力

「生命の起源」はどこまでわかったか

生命は、いつ・どこで・どのようにして誕生したのか。生物学を志す者であれば、いや知的好奇心を持つすべての人たちが疑問に思うこの本質的な問いは、これまで多くの科学者や哲学者を虜《とりこ》にしてきました。かく言う、わたくしＪＡＭＳＴＥＣ（海洋研究開発機構）の研究者である高井研もまた、その一人です。しかし、生命の起源については「研究すればするほど、謎が深まっていく」という状況が長く続いてきました。

様々な仮説が展開されるが、根本のレベルからして意見の異なることが多い。何を重要視するかによって、結論が大きく変わってくる。そもそも実は「生命とは何か」という定義自体がコンセンサス（共通認識）に至っていない――このように、まだまだわかっていないことが多く、研究者によっても見解が大きく分かれているのです。

もちろん、見解の一致する部分も多々あります。たとえば、生命の誕生に必要な要素を考えてみると、生命をつくり、かつ維持するために欠かせないものとして、「エネルギー」

の存在が挙げられますが、このエネルギーの必要性に関しては、ほぼすべての研究者が認めています。生物が活動するために必要であるのはもちろん、生体物質の合成などにも多くのエネルギーが使われるからです。

現在の生命活動は、基本的に植物などが行う太陽光を利用した光合成によって支えられています。念のために確認しておきますと、光合成とは「光エネルギーを化学エネルギーに変換する生化学反応」のことです。植物など光合成を行う生物は、光エネルギーを使って水と空気中の二酸化炭素から炭水化物（糖類）を合成し、さらに水を分解する過程で生じた酸素を大気中に供給しています。現在の地球上の生物のほとんどが、この光合成によって支えられていると言っても過言ではありません。

地球の生命は約40億年前に誕生したと言われていますが、最初期の生命は光合成のような複雑な仕組みをまだ備えていなかったと考えられています。では、その時代の生物は、どのようにして生命活動に必要なエネルギーを得ていたのでしょうか。

また、生命が誕生するためには、その材料となる「有機物」も必要です。さらに有機物をつくるには、無機物や水素など多様な元素を溶かして運ぶ、溶媒としての「水」も欠かせません。

生命の誕生した場所も重要になってきますが、それに関しては現在のところ「深海」の熱水活動域、もしくは「陸地」の温泉付近の2カ所に絞られています。熱水活動域とはマグマによって数百℃に熱せられた海水が、深い海底にある割れ目から噴出している場所のことです。

こうした要素に加え、「地球最初の生命は、『従属栄養生物』『独立栄養生物』のどちらだったのか」という疑問も存在します。従属栄養生物とは、「生命活動を維持するのに必要なエネルギーや有機物を、外部から取り込む生物」のことです。一方、「有機物を自らつくり出すことができる生物」は独立栄養生物と呼ばれています。現在の生物は大別するとこの2種類に分けられますが、「地球最初の生命はどちらだったのか」という問いも、研究者によって意見が分かれるところです。

この本では、「地球最初の生命が誕生した場所は、深海の熱水活動域であった」と考えるわたくし高井研と、「いやいや、陸地の温泉付近だった」と主張する分子生物学者の山岸明彦先生が、異なる立場から以下の点について議論を行いました。

- 地球最初の生命が誕生した場所について——陸地か深海か、はたまた宇宙か

- 地球最初の生命はどのようにエネルギーを得ていたのか——独立栄養か従属栄養か、はたまた混合栄養か
- 生命に進化は必要か——生命はいつダーウィン進化を手にしたのか
- 地球外生命はどこで見つかるか——火星か土星の第二衛星エンケラドスか、はたまた木星の第二衛星エウロパか
- 地球外知的生命は存在するか——最新の系外惑星探査について

本書が読者にとって、こうした問題を考えるヒントになれば幸いです。

生命が生まれた場所

私が「地球最初の生命が誕生した場所は、深海の熱水活動域」であると考える最大の理由は、エネルギーの問題です。先にも述べましたように、生命が誕生し存続するためにはエネルギーの存在が不可欠で、さらにその「生命活動にとってちょうどよい案配の」エネルギーが同じような場所で、長期間にわたって安定的に供給され続けなければなりません。地球において、およそ40億年にわたって生命に「ちょうどよい案配の」エネルギーを供給

し続けてきた場所は、深海の熱水活動域をおいて他にないのです。

そもそも深海の熱水活動域とはどのような環境なのでしょうか。

最初に深海の熱水活動域を発見したのは、アメリカの海洋地質学者の研究グループでした。１９７６年に海水温の調査していたアメリカの研究グループは、ガラパゴス諸島沖の水深２０００メートルを超える深海で、熱水噴出孔の一種である「ブラックスモーカー」を発見しました。

熱水噴出孔とは、地熱で熱せられた水が噴出する、海底の割れ目のことです。ブラックスモーカーでは３００℃を超える熱水がチムニー（煙突状のもの）から勢いよく噴き出し、その中には硫化金属（硫黄と化合した鉄・亜鉛・鉛など）が豊富に含まれていました。

人間の目で太陽光を感じられるのは水深２００メートル程度までで、水深１０００メートルを超える深海には、まさに漆黒と呼ぶべき世界が広がっています。そのような光が届かず水圧も恐ろしく高い深海に、とても生物など存在しているとは思えないかもしれませんが、アメリカの研究グループが、翌１９７７年に有人潜水調査船「アルビン」に搭乗し、再度ガパラゴス諸島沖の熱水噴出孔を調査したところ、そこにはチューブワーム（管状の無脊椎動物）やエビ、二枚貝などの生物がひしめき合っていました。

それらの生物を調べてみると、面白いことがわかりました。そこでは、噴出する熱水に含まれる硫化水素やメタンなどの化学物質を使って有機物を合成する化学合成細菌や、それらの微生物からエネルギーや栄養を得ている生物たちが独自の生態系を築いていたのです。これは、深海の熱水活動域には「光合成が支える地上の生態系」とはまったく異なる、「化学合成を中心とした生態系」が存在することを意味しています。

生命が深海の熱水活動域で誕生したとするならば、最初期の生命は高温の熱水に含まれる水素や二酸化炭素などの無機物を栄養源やエネルギーとする「化学合成生命」であった可能性が高いはずです。そう考えた私は、地球初期の生命の生き残りを見つけるべく、2002年にJAMSTECの有人潜水調査船「しんかい6500」と、その支援母船「よこすか」に乗り込み、「かいれいフィールド」の調査を開始しました。

かいれいフィールドとは、インド洋の深海に存在する海底の山脈である「海嶺」が3つ重なり合った特殊な場所にある熱水活動域です。水深2400メートルの海底から噴き出す熱水に含まれた微生物を調査したところ、ほぼ熱水だけに含まれる物質から化学合成によってエネルギーを得ている好熱性の原核生物群（化学合成微生物生態系）を発見しました。

原核生物とは、植物のように細胞壁と細胞膜はあるけれど核膜（核の境界となる膜）を持たない単細胞生物のことです。それに対して細胞の内部に核膜を持ち、核と細胞質が明確に区分されている生物のことを真核生物と言います。この「熱水だけに含まれる物質を使った化学合成微生物生態系」の発見により、私は「地球最初の生命は、深海の熱水活動域で生まれた」という考えをさらに深めました。私が考える地球生命誕生のシナリオについては、本編で詳しく説明します。

生命は温泉がお好き？

一方、「地球の生命はRNA（リボ核酸）の誕生から始まった」という説に立つのが、分子生物学者の山岸明彦先生です。RNAとは、一般にDNA（デオキシリボ核酸）を鋳型として合成される核酸のことですが、RNAはDNAの遺伝情報を伝達するほか、タンパク質をつくる役割も担っています。この重要な生体材料であるRNAを化学的に生成するには、「乾燥」が必要だと考えられています。そこで山岸先生は、生命が生まれたのは深海ではなく、水量が増えたり減ったり、乾いたり湿ったりが繰り返される「陸地の温泉付近」が適していると考えています。

現在の生命にとって重要な複製機能においては、「遺伝情報を伝える物質」と「触媒」

が欠かせません。触媒とは、他の物質の化学反応の仲立ちとなって、反応を促進する物質のことです。たとえば水素と酸素を混ぜただけでは何も起こりませんが、触媒として銅を加えると両方のガスは化学反応を起こして「水」になります。

ほぼすべての現生生物の遺伝情報はDNAに保存され、その情報をRNAにコピーし、タンパク質がつくられるのですが、その仕組みは非常に複雑です。だから地球で最初に誕生した生命が、そのような複雑なシステムを最初から保持していたとは考えにくいでしょう。ここが山岸先生と私とで、意見が大きく異なるところです。本書では、この問題を徹底的に議論しています。

さらに、DNAの塩基配列を読み取ってRNAを合成する反応（転写）には触媒としての酵素が必要で、その役割はタンパク質が担っています。しかし、そのタンパク質自体はDNAやRNAの遺伝情報を伝える物質がなければつくれません。つまり、「タンパク質をつくるためには遺伝物質であるRNAが必要で、そのRNAの生成にはタンパク質という触媒が不可欠」なのです。こうした、遺伝情報が先か触媒が先かという「ニワトリと卵の関係」のような論争も長年続いていました。

この論争に一石を投じたのが、アメリカの物理学者で生化学者のウォルター・ギルバートが１９８６年に提唱した「ＲＮＡワールド仮説」です。ＲＮＡは遺伝情報の保存機能と触媒機能の両方を併せ持つことがわかり、「ＲＮＡこそが最初の生命であり、それが進化して現生生物につながった」というＲＮＡワールド仮説が支持されるようになりました。このＲＮＡワールド仮説を支持する山岸先生の考える地球生命誕生のシナリオも、のちほど本編で詳しく論じます。

地球外生命が存在する可能性

このように生命が誕生した場所からして、研究者によって考え方が大きく異なりますが、果たしてこうした意見の違いに最終的な決着をつけることはできるのでしょうか。残念なことに、最初の生命が深海で誕生したのか、陸地で誕生したのかを確かめる決定的な方法は、地球の生物を研究している限りありません。そこで近年注目され始めたのが、宇宙における生命の起源、進化、伝播、および未来を研究する「アストロバイオロジー（宇宙生物学、宇宙生命科学）」という学問です。生物学をはじめ、天文学、地質学、惑星科学など様々な分野を横断し、宇宙における生命の起源と進化の解明を目的に、世界各国が宇宙探査プロジェクトを計画・推進しています。

「地球外生命探査」もまた、アストロバイオロジーの重要な研究テーマの一つです。たとえば、土星の衛星エンケラドスや木星の衛星エウロパの表面は氷に覆われていますが、その下には水があり、海底では熱水活動が起きていると考えられています。水があり熱水活動も起きているのなら、地球外生命が存在するかもしれません。

もしまったく陸が存在しない「海だけの天体」であるエンケラドスやエウロパで生命が発見されれば、「生命は深海の熱水活動域で誕生した」とする説は大きな確証を得ることになります。一方、エンケラドスやエウロパではたくさんの有機物が存在するものの肝心の生命活動がまったく発見されなかった場合、生命の誕生に陸が必要である可能性はより大きくなるでしょう。さらに地球と同じく陸と海が存在していたと考えられる火星で生命の痕跡が見つかった場合、やはり「生命の誕生には陸が不可欠である」という一つのコンセンサスが得られるかもしれません。

本書の後半では、このような地球外生命探査に関する最新情報も紹介しています。最先端の生物学と地球外生命探査を研究する楽しさを、ぜひ本書で味わってみてください。

2019年11月6日　高井 研

目次

第5章 RNAワールドはあった? なかった?

第6章 地球外生命は存在する! ではどこに?

第1章　生物の共通祖先に「第3の説」！

生命誕生のストーリー

高井　まずは、最初の生命が地球に誕生するまでの歴史を振り返っておきましょう。地球が誕生したのは今から約46億年前ですが、その頃の地球にはたくさんの小天体が絶えず降り注いでいました。地表面はマグマオーシャン（マグマの海）と呼ばれるマグマがドロドロに溶けた状態で、もちろん海もまだ存在していません。およそ44億年前になってようやく地表面の温度が下がり始めると、やがて水たまりのような池ができ、それが海になっていきました。

山岸　海洋が誕生したと見られているのは、およそ43億〜40億年前頃ですね。

高井　約40億年前になると、プレートと呼ばれる地表面を覆う岩盤の大変動が始まり、それとほぼ時期を同じくして地球最初の生命が誕生しました。とはいえ、この40億年前という数字に、あまり根拠はありません。生命の存在を示す痕跡としては、現在のところグリーンランド南西部のイスア地域の岩石の中から見つかった、約38億５０００万年前の炭素の粒が挙げられます。

山岸　その炭素の粒に含まれる炭素同位体※の比率で、生命の存在する可能性が示されたのでしたね。炭素の安定同位体である炭素12（^{12}C）と炭素13（^{13}C）のうち、生物は選択的

	安定同位体		放射性同位体
	^{12}C 	^{13}C 	^{14}C  ベータ線
陽　子	6	6	6
中性子	6	7	8
質量数	12	13	14

同位体とは、原子番号が等しく、質量数（陽子数＋中性子数）が異なる元素のこと。同位体のうち、自然界で放射線を放出しないものを「安定同位体」、放射線を出して崩壊する不安定なものを「放射性同位体」という。

に炭素12のほうを多く取り込みます。これは、重い炭素13よりも軽い炭素12のほうが効率よく利用でき、生物にとって都合がよいからです。だから、炭素12が濃縮された炭素の粒が太古の堆積岩中に見つかれば、その時代には何かしらの生物が地球上に存在していたことになります。

高井　さらに2017年には、カナダのケベック州北部で採集されたグラファイトの中から、およそ39億5000万年前の生物由来の化石が発見されました。ここからも軽い炭素が見つかっています。今のところ最古の生命

※同じ元素でありながら質量数（原子核を構成する陽子と中性子の個数の和）の異なる原子。

の痕跡とまでは正式に認定されていませんが、同位体測定などから「少なくとも40億年前には、生命は誕生していたのではないか」と考えられるようになりました。ただし、グリーンランドのものとは違って、カナダのグラファイトはそれが置かれていた環境がまったくわからないという課題も残っています。

山岸　遺伝子に注目しますと、現在のところ、すべての現生生物の「共通祖先」の遺伝子は約42億〜37億年前につくられたと推定されています。

高井　この間だけでも5億年もの誤差がありますが、遅くとも約40億年前には地球最初の生命が誕生し、それを共通祖先とする生物が現在まで生き残っているのだと言われていますね。

山岸　現在の地球上のすべての生物は、おおまかには共通する遺伝子やタンパク質を生成する仕組み、そして代謝システムを持っています。こうしたことから、「地球上のすべての生物は、一つの祖先生物から進化してきたのではないか」という考えが広まりました。その祖先生物は、「現生生物の共通祖先」と呼ばれています。

高井　ただ、およそ41億〜38億年前には、地球に多くの小天体が降り注ぐ「後期重爆撃期」がありました。通常、天体衝突は惑星形成の初期には多いものですが、周囲の軌道を回っている小天体が徐々に合体していくので、その数は次第に減少していきます。地球が誕生してから何億年も経ったのちに後期重爆撃が発生したのは、約42億～38億年前に木星の軌道にズレが生じ、小惑星帯にバラツキが出たからだと言われています。

山岸　年代に関してはあくまで推定なので、つじつまの合わないところもありますが、それが定説となっていますね。さて、小天体衝突が頻繁に起こっている間は、たとえ生命が誕生したとしても、あっという間に消滅してしまいますから、かつては「現生生物の共通祖先は、約38億年前よりも後に誕生した」と考えられていました。

高井　しかし、グリーンランドのイスア地域やカナダのケベック州北部の化石が示すように、それ以前から、すでに生物が存在していたことを示す痕跡が最近になって報告されると、「全生物の共通祖先生物よりも約3億～2億年前には、地球に生命が誕生していた」と考えられるようになったのです。

生命は有機物のスープから生まれた

山岸　ここまで「地球最初の生物」と一言で簡単に表していますが、そこには多くの謎が存在します。たとえば、「その生物は、いったいどこから有機物を手に入れたのか」という問題もその一つです。地球の現生生物の体は、有機物からつくられています。ここで言う有機物とは、「生物の体を構成・組織する、炭素を主な成分とする化合物」のことです。それに対して無機物とは、「炭素を含まない化合物」を意味しています。

近代の生命の起源に関する研究は、ロシア（旧ソ連）の生化学者アレクサンドル・オパーリンが1920年代に提唱した「生命は有機物のスープから生まれた」という説から始まりました。しかし、誕生したばかりの約46億年前の地球には、水素や窒素といった無機物の元素しか存在せず、そこから生命が誕生するためには、どこかで有機物が生成されなくてはなりません。では、原始地球において有機物はどのようにしてつくられたのでしょうか。

高井　オパーリンがその説を唱えた当時は、「地球最初の持続的な生命は、無機物から有機物をつくり出せる光合成微生物のような生命」と考えられていました。しかし、オパーリンは「最初の生命の体をつくるのに必要な有機物は、生命が誕生する以前からすべて準備されていた」という説を唱えたわけですね。

山岸　自身の生命活動を支える有機物や生体高分子を、身の回りにある有機化合物から得る生物を、「従属栄養生物」と言います。すべての動物と、光合成や化学合成を行わない菌類、それと寄生植物が従属栄養生物です。それに対して、無機化合物を材料として、有機化合物を自力で合成することができる生物は、「独立栄養生物」と呼ばれています。

高井　独立栄養生物に属しているのは、光合成を行う植物と、化学合成を行うバクテリア（細菌）やアーキア（古細菌）といった原核生物ですね。

山岸　およそ35億年前頃の化石からは、細胞らしき痕跡がたくさん見つかっていて、その細胞が独立栄養生物だったこともわかってきました。

高井　オパーリン以降、生命の誕生については、「ある程度の材料がきっちり揃っていないと料理はつくれません」という考えが主流となりました。つまり、生命が誕生したときには、アミノ酸など生物を構成する有機物はすべて準備されていたはずだというわけです。このように「地球最初の生命は従属栄養型で生まれてきて、その後、独立栄養型に変わっていった」という流れが、現在の生物学におけるメインストリームとなっています。

独立栄養生物が先か、従属栄養生物が先か

山岸　確かに、有機物が溜まった場所に生命が生まれたとするならば、周囲には初めから栄養となる有機物がたくさんあるので、それを取り込んで生命活動を始めたと考えるのが

自然ですね。ところが1988年に、ドイツの化学者ギュンター・ヴェヒタースホイザーが、独立栄養生物の起源説を唱え始めました。それは「地球最初の生命は、二酸化炭素からいろいろなものを自分でつくり出すことで生まれた」というものです。

高井　私自身も、従属栄養生物の起源説に対しては懐疑的です。「すべての材料を、地球のありとあらゆる環境から揃えることができた」なんて偶然は、ありえないと思っています。ある材料は宇宙から飛来し、ある材料は雷や小天体の衝突によって生成され、ある材料は深海の熱水活動域でつくられたはずです。従属栄養の起源説は、言うなれば「世界各地に存在する食材を一生懸命集めてきて、キッチンで料理する」ようなもので、現代の裕福な国家だったら可能かもしれませんが、そのような面倒なことを地球最初の生命が行っていたはずがありません。

山岸　では、高井先生は「生命は、必要なものの多くをその場でつくりながら生まれてきた」と考えているのですね。

高井　たとえば、私の専門である「化学合成微生物」は、無機物を酸化・還元して生じるエネルギーを利用して、二酸化炭素から有機物を合成しています。つまり体をつくるのに必要な物質を体の中で自ら生み出す独立栄養生物です。このような無機物から有機物をつくり出して利用する代謝系さえできてしまえば、「無理に世界中から材料を取り寄せなくても、生命は勝手につくられるんじゃない？」と思います。

最初の生命は深海の熱水活動域で生まれた

高井　私は、「地球最初の生命は、約40億年前の深海の熱水噴出孔で誕生した」と考えています。その理由は、熱水噴出孔が「エネルギーが持続的に供給されている場所」だからです。

山岸　確かに熱水噴出孔では、およそ40億年も前から現在まで、ずっと熱水が噴き出し続けているので、エネルギー的には申し分ないですね。しかも、その熱水には岩盤の鉱物の成分が多量に溶け込んでおり、生命の材料となる無機物や水素、メタンなども豊富に含まれています。

高井　私が考える地球最初の生命誕生のシナリオは、次の通りです。まず、およそ40億年前の深海では、火山活動が現在よりも活発でした。さらにマントルの温度が高く、深海には海底から噴き出した超高温のマグマが固まった「コマチアイト」と呼ばれる岩石が豊富に存在していました。

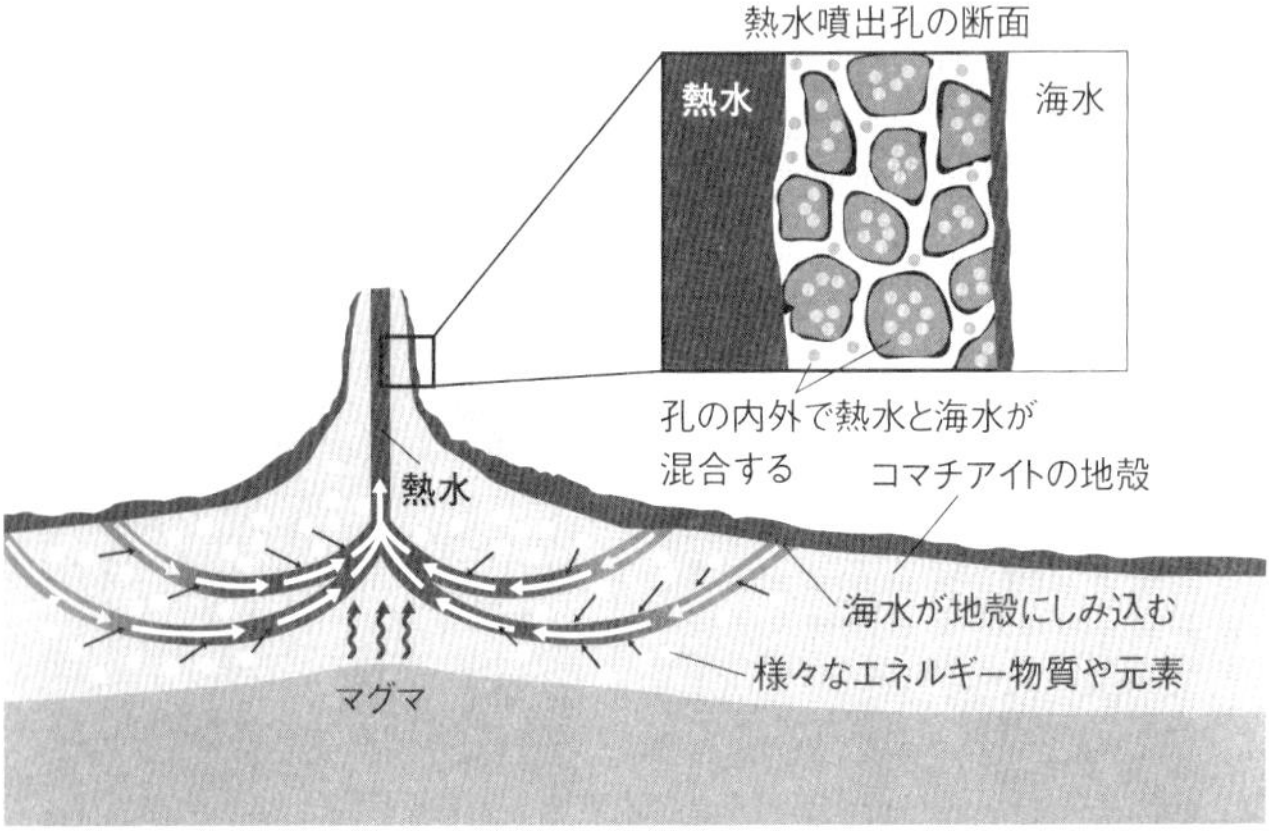

熱水噴出孔内には小さな孔が多数存在している。その一つひとつの孔が「原始的代謝」を行う「原始細胞」のような役割を果たすことで、代謝する生物が分裂と消滅を繰り返す現象が起こった。

山岸　コマチアイトとは、現在の地球ではまったくつくられない太古の岩石ですね。

高井　そのコマチアイトの地殻に海水がしみ込むことで、高濃度の水素をはじめとする様々なエネルギー物質や元素を含むアルカリ性の熱水が供給されます。こうした「エネルギー源と元素に富んだアルカリ性の熱水」と「二酸化炭素や鉄、窒素酸化物の溶け込んだ酸性の海水」が、深海の熱水活動域にある熱水噴出孔（チムニー）の内部で混合します。

チムニーは、内部に小さな孔がたくさん存在する多孔質な鉱物構造をしていて、熱水と海水がその孔の中や外で混合すると化学的かつエネルギー的な非平衡状態が形成されるのです。この非平衡状態と鉱物の触媒活性を利用して、原始的な代謝反応が始まります。その一つひとつの孔が「原始的代謝」を行うような「原始細胞」の役割を果たし、かつ熱水によるチムニーの生成と破壊が繰り返されることによって、まるで代謝を有した生物が生（分裂）と死を繰り返すかのような現象が持続します。最終的に、脂質でできた膜とタンパク質からなる酵素で鉱物を置き換えた地球最初の生物（代謝型生物）が誕生したというわけです。

山岸　代謝とは外界からエネルギーを取り込み、化学反応で新たなエネルギーや体をつくることですが、原始的な代謝物がのちに有機物の脂肪膜に囲まれることで、代謝によって自らを複製できる「代謝型生物」が誕生したということですか。

高井　そうです。このような「深海の熱水噴出孔に存在する無機物から代謝を行い自己再生するだけの生命が生まれ、その後、新たに誕生した遺伝機能を持つ生命が代謝型生物と融合することによって、現在のような生命へと進化していった」というのが、私の考える地球生命誕生のシナリオです。

山岸　その代謝型生物が、今から約40億年前に誕生したというのですね。

生命誕生の場所が熱水噴出孔しかない理由

高井　それに加えて熱水噴出孔では最近、化学エネルギー以外のエネルギー源も見つかっています。それは電気エネルギーで、沖縄トラフにある熱水噴出孔を調べたところ、噴出孔を含む100メートル四方の広い範囲にわたって電気が流れていたのです。

熱水噴出孔から噴き出す熱水には、電子を放出しやすい硫化水素や水素が多く含まれています。放出された電子が熱水噴出孔の硫化鉱物の中を移動することで、電気が流れるわけですが、実験によると、この電気エネルギーを使って硝酸イオンからアンモニアが、二酸化炭素から一酸化炭素がつくられました。

山岸　電気は「酸化性物質」と「還元性物質」との間の電位差によって生じますから、その2つがあれば電気は発生しますね。

高井　酸化とは「酸素と化合する」「電子を失う」反応のことで、逆に「酸素を失う」「電子を受け取る」反応は還元と呼ばれています。還元性物質として代表的なのは、水素やメタン、硫化水素などです。

山岸　電気を流すには電気伝導体も必要ですよね。

高井　実は、熱水噴出孔を形成している硫化鉱物が、電気伝導体の役割を果たしていました。この硫化鉱物は３００℃を超えるような高温でなければつくることができません。だから原始地球においては、今のところ高温の熱水噴出孔でしか電気は発生しなかったのではないかと考えています。

「タカイ菌」の発見

高井　２００３年にＪＡＭＳＴＥＣの有人潜水調査船「しんかい６５００」が沖縄沖の水深１３７０メートルの海底に潜り、およそ90℃の熱水の中からある微生物を採取しました。その微生物のゲノム解析を行ったところ、従属栄養と独立栄養両方の機能を併せ持っていたのです。世界で初めて発見された、その「混合栄養型」と呼ぶべき微生物は、私の苗字をとって「タカイ菌」と命名されています。

山岸　そのタカイ菌には、どのような性質があるのですか？

高井　深海熱水を模した環境で培養実験を行ったところ、面白い現象が見つかりました。もともとタカイ菌は独立栄養増殖をすることがわかっていたのですが、独立栄養微生物に特有の「有機物を合成する酵素」がなく、従属栄養型の酵素しか持っていませんでした。詳しく調べてみると、その従属栄養型の酵素が通常とは逆の触媒反応をすることで、「無機物から有機物を合成している」ということがわかりました。
次にタカイ菌に有機物を与えてみると、今度はその酵素が通常の触媒反応を行うことで、有機物をエネルギー源や栄養源として利用することがわかりました。つまりタカイ菌は、「周囲の環境の変化に応じて、酵素の機能を臨機応変に切り替えて独立栄養型と従属栄養型を使い分けていた」わけです。

山岸　そのような混合栄養微生物の働きを発見したときは、心底驚いたことでしょうね。

高井　とても驚きましたね。この混合栄養生物について詳しく説明しましょう。たとえば現在の生命にとって重要な機能の一つに、「クエン酸回路」があります。クエン酸回路とは、私たちの身体のエネルギー源であるＡＴＰ※をつくるための重要な役割を果たす生化学反応回路のことです。クエン酸回路によって、我々のような従属栄養生物の体内では、アセチルＣｏＡや２-オキソグルタル酸などが合成されるのですが、それらはアミノ酸や脂質といった生命に必須の物質となっていきます。具体的には、２-オキソグルタル酸が

※アデノシン三リン酸（ＡＴＰ）。生体内のエネルギーの貯蔵・供給・運搬を仲介する重要物質。地球上の生物の体内に広く分布する。

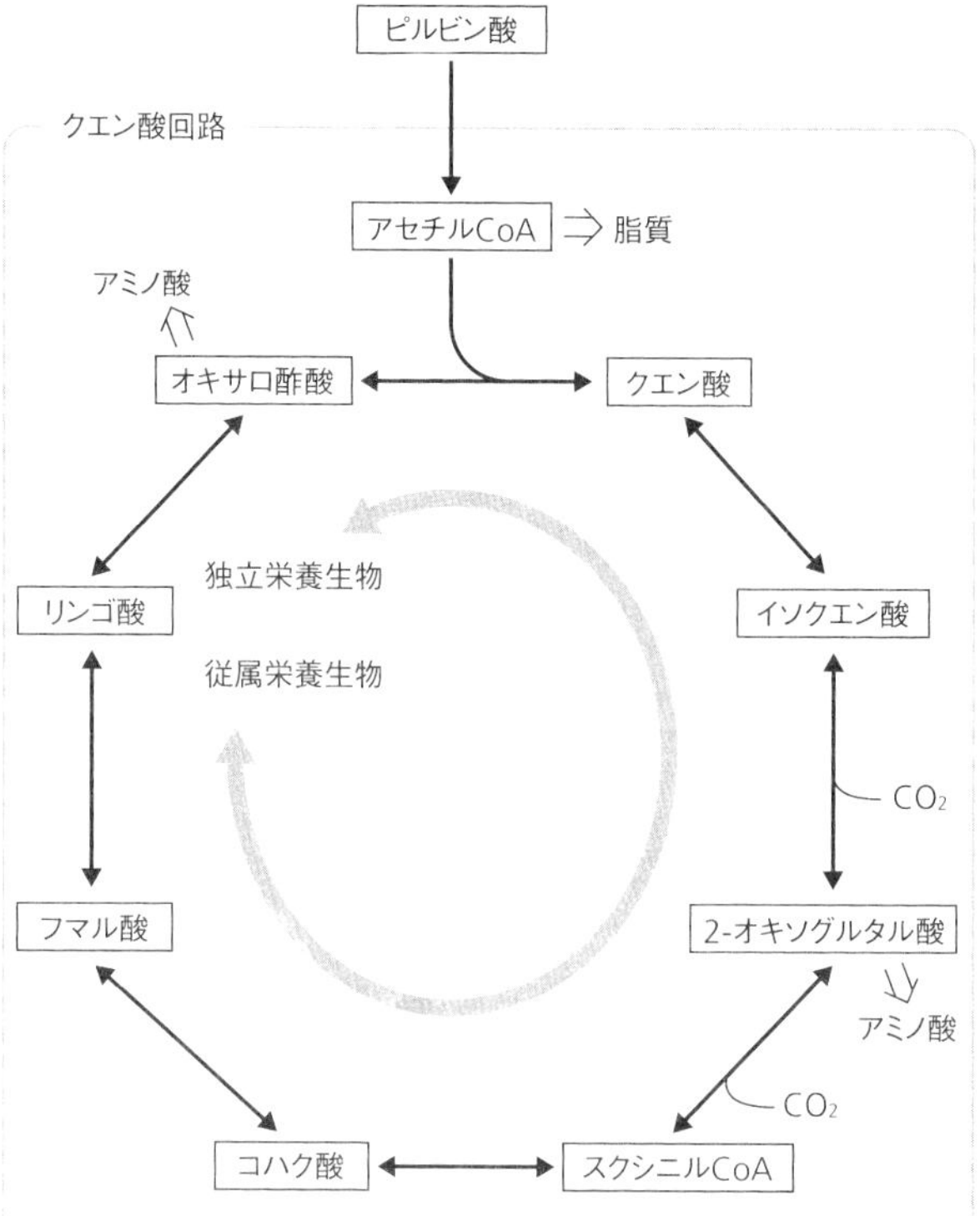

ピルビン酸はアセチルCoAとなってクエン酸回路に入り、その後、様々な酵素の働きによって徐々に分解され、二酸化炭素、水、ATPを生じていく。この代謝経路が回路状になっていることからクエン酸回路と呼ばれている。

アミノ酸に、アセチルＣｏＡが脂質にですね。この生化学反応は、細胞の中のミトコンドリア内で行われます。

山岸　我々人間のような従属栄養生物は、クエン酸回路を「順回し」といって時計回りに回すことで酸素を取り入れて、エネルギーをつくり出していますね。一方、独立栄養生物はクエン酸回路を「逆回し」といって反時計回りに回すことで、二酸化炭素を固定するわけです。

高井　これまでクエン酸回路では、順回しと逆回しとで働く酵素が異なっていて、従属栄養生物が逆回ししたり、独立栄養生物が順回ししたりといった「可逆性」はないと考えられてきました。ところが、我々が発見したタカイ菌により、順回しをする酵素と逆回しをする酵素が同じものであることが判明したのです。これによって、それまで信じられてきた「従属栄養生物と独立栄養生物では、それぞれクエン酸回路の方向を決定する酵素の起源が異なる」という仮説が覆されました。

さらに、系統樹を描いてみると、タカイ菌の酵素はその2つの酵素に枝分かれする前の酵素であることがわかりました。つまり、もともとクエン酸回路は、一種類の酵素が周囲の環境に応じて変化していたのです。このことから、有機物があるときは従属栄養型、有機物がないときは独立栄養型の代謝機能を持つ生命が最初に誕生したのではないかといった仮説も提唱されています。

山岸　ただ、私は「独立栄養生物と言われているもののほとんどは従属栄養、つまり外部から有機物を取り込むことも可能なのではないか」と考えています。なぜかというと、独立栄養の生物も自分の細胞を維持するために有機物を合成して利用する代謝系一式を持っているからです。

もし、タンパク質や核酸などの材料であるアミノ酸やヌクレオチド（核酸単量体）が自分の周りの溶液にあれば、それらを細胞内に取り込んで利用することができる。つまり、独立栄養の生物も環境中に利用可能な有機物があれば、それを利用する従属栄養で生育できるのです。だから、「混合栄養」を行う生物がいるのは、ある意味当然なのかもしれません。

高井　確かに、最初の生命が従属栄養生物だったか、独立栄養生物だったかなどと厳密に区別することは、それほど重要ではないのかもしれません。そもそも、私自身は従属栄養か独立栄養かという議論の前に、最初の生命に不可欠なものは「何はなくとも、まず代謝だ」と考えています。なぜなら、代謝の機能を持っていなければ、生命は自身を維持することもできず、すぐに消滅してしまうからです。

鉱物や電気によって生命活動に必要となる特定の有機物をつくり出す化学反応ネットワークが誕生し、できた有機物による自己触媒反応と高分子化によって非常に原始的な生命体のようなものが誕生したと考えれば、同じような環境で繰り返し同じような原始生命体がつくられる可能性があります。

どこからを生命と呼ぶか

山岸　ここで気をつけなければならないのは、最初に誕生した生命と、現存するすべての生物の共通祖先はまったくの別物ということです。共通祖先はすでに完成した生命で、現在生きている最も小さな微生物と、遺伝子の数もほとんど変わりません。タンパク質からつくられていましたし、タンパク質をつくるための「転写と翻訳」機能も持っていました。

高井　転写とはDNAからRNAを合成することで、翻訳とはmRNA（メッセンジャーRNA）を鋳型としてタンパク質を生成する過程のことですね。

山岸　すべての現生生物はDNAを複製して、DNAから写し取られた遺伝情報に従い、タンパク質を合成して反応を触媒する仕組みを持っています。私は、地球最初の生命と呼べるものは、この遺伝子の複製機能と触媒機能を持った、ある意味「完成形」の生物でなくてはならないと考えます。

高井　山岸先生と私で、地球最初の生命の出発点に対する考え方が違うようですね。私は、「共通祖先よりも前に、単に代謝して増えるだけのものが生まれたのではないか」と考えています。

山岸　現在、地球上に存在するあらゆる生物の共通祖先は「ＬＵＣＡ（last universal common ancestor／最終普遍共通祖先）」あるいは「コモノート（commonote／共通祖先）」と呼ばれています。今、高井先生が議論されているのは、「ＬＵＣＡよりも前に生命は誕生していて、それがどのようなものだったのか」という話ですよね。そうした議論をするためには、まず「生命にとって最低限必要な機能」について考えなくてはならないでしょう。

生命にとって最低限必要な機能としては、以下の３つが挙げられます。１点目は「遺伝子を持っている」こと。２点目は「その遺伝子が触媒や複製などの機能も併せ持っている」こと。３点目は「その遺伝子が膜に囲まれている」ことです。もっとも現在のＤＮＡほど高度な機能を備えている必要はなく、なんらかの遺伝情報を保持し、その遺伝情報に基づいて複製などの反応を行える程度でかまいません。そうした遺伝物質が膜に囲まれ、外部と分離していることが重要なのです。

現在、その条件を満たしている分子はRNAだけです。タンパク質は触媒機能を持っていますが、遺伝情報を保存できないので、自分自身を複製することができない。一方、DNAは遺伝情報を保存できますが、触媒機能を備えていません。

高井 つまり、DNAは自身を切断したり、貼り付けたり、挿入したり、移動したりする自己スプライシング機能を保持していないのですね。

山岸 それに対して、RNAは遺伝情報を保存する機能と触媒機能を持っているうえ、自己複製機能も備えています。これが最もシンプルな最初の生命の形であり、私が「RNAワールド仮説」を支持する最大の理由の一つです。

高井 RNAワールドとは、1986年にアメリカの物理学者で生化学者のウォルター・ギルバートによって提唱された生命の起源に関する仮説ですね。DNAを遺伝情報として使う現在の「DNAワールド」以前に、RNAが遺伝情報の担い手として使われていたとされています。

山岸 RNAが生成されるときヌクレオチド同士が結合するのですが、その反応は「脱水縮合」と呼ばれています。ヌクレオチドとは核酸を構成する単位で、糖とリン酸と塩基が結合した高分子化合物のことです。ヌクレオチドを構成するリン酸の水酸基（－OH）と糖の水酸基が反応することで水分子（H_2O）が脱離し、ヌクレオチド同士が結合する。したがって、ヌクレオチド同士をつなげてRNAをつくるには、脱水するための乾燥が不可欠となるわけです。

RNAワールド仮説の根拠

高井　RNAワールドを支持する山岸先生が考える「地球最初の生命誕生のシナリオ」は、どのようなものでしょうか。

山岸　誕生して間もない頃の地球には、宇宙から飛んできた無数の小天体が頻繁に衝突していました。小天体が落ちるたびに衝突エネルギーによって熱が生じ、地球の表面は煮立ったり蒸発したりを繰り返すマグマオーシャンに覆われていたのです。火山活動も非常に活発なうえ、大気にはまだ酸素も存在していませんので、とても生命が生きられるような環境ではありませんでした。

高井　およそ44億年前になると、地球はマグマオーシャンの状態から徐々に冷やされ、やがて水蒸気が水に変わっていきますね。

山岸　その後、海が地球全体を覆っていき、さらに火山活動によって陸地が出現しました。

陸地には温泉もつくられ、その温泉には宇宙から飛んできた有機物が溶け込んでいきます。有機物は温泉の水際で、何度も乾燥と湿潤が繰り返されました。このように有機物同士が脱水縮合を行い、それがＲＮＡになっていったわけです。

さらに、あるとき自分自身を複製する機能を持つＲＮＡが誕生しました。膜に包まれた自己複製能を持つＲＮＡの誕生、これが私の考える生命誕生のシナリオです。やがてＲＮＡよりも安定的に遺伝情報を保存できるＤＮＡが誕生しましたが、それは生命誕生よりずっと後のことです。

高井　現生生物を支える遺伝の基本的な仕組みは、そのようにしてでき上がったのだというわけですね。

山岸　他に新たな事実が発見されれば、もちろん私も考えを改めますが、まだ見つかっていませんからね。ちなみに、ＲＮＡを複製する活性を持つＲＮＡは実際に見つかっていて、現在「複製リボザイム」または「レプリカーゼリボザイム」と呼ばれています。

複製しなければ生命とは言えない

山岸　私は高井先生の言う「地球最初の生命は化学合成を行っていた」なんてことは、システム的に難しすぎて不可能だったと思います。もちろん、化学合成微生物はあとから登場して、一時期は地球を席巻しました。しかし、「最初からそのようなシステムを備えていた」と考えるには無理があるでしょう。

そもそも私の考えでは、自らを複製して増殖する複製系（複製システム）が誕生しなければ、生命とは言えません。そして、複製するためには情報が必要です。だから、最初の生命というのは、RNAからなる自己複製系生物以外には考えられません。

高井　生物が持つ形や性質などは「形質」と呼ばれていて、その形質が代々、子や孫に受け継がれていくのが、「遺伝」と呼ばれる現象ですよね。地球上の生物はDNA上の遺伝情報をRNAにコピーし、その情報からタンパク質をつくっているわけですが、この「DNA→RNA→タンパク質」という仕組みは「セントラルドグマ」と呼ばれ、現在の生物に共通するメカニズムです。分子生物学の中心的な原理で、現在のほぼすべての生命現象は、基本的にこのセントラルドグマに沿って展開されていることは十分わかっています。

山岸　RNAによって自己複製する生物でなければ遺伝、つまり体をつくるための情報を伝えていくことができませんが、現在知られている分子で情報を子孫に伝えることができるのは、DNAやRNAなどの核酸だけです。

ＤＮＡが２本のＤＮＡ鎖からなる二重らせん構造をとるのに対し、ＲＮＡは一本鎖の状態で存在しています。ＤＮＡ、ＲＮＡのどちらも、糖とリン酸および塩基を構成単位とするヌクレオチドからできているのは変わりません。しかし、塩基の種類は違っていて、ＤＮＡに含まれている塩基はアデニン（Ａ）、グアニン（Ｇ）、チミン（Ｔ）、シトシン（Ｃ）の４つですが、ＲＮＡではチミンがウラシル（Ｕ）になっています。

高井　触媒機能を持つのがタンパク質であることから、かつては「タンパク質がなければ、我々は生きていられない」と誰もが思っていました。ところが、１９８２年にアメリカの生物学者トーマス・チェックらのグループが、触媒機能を持ったＲＮＡであるリボザイムを発見したことにより、ＲＮＡは遺伝情報を伝えるだけではなく各種の触媒反応も担えるということがわかりました。

山岸　誕生したばかりの生命は、ＤＮＡもタンパク質も使わず、ＲＮＡだけで遺伝情報と触媒機能両方の役割を担当して、生命としての機能を果たすことが可能でした。そうした「ＲＮＡだけで生命活動を行う生物が、最初に誕生したのではないか」というのが、ＲＮＡワールド仮説の考え方です。もちろん、遺伝情報さえ伝えることができれば必ずしもＲＮＡでなくてもよいわけですが、最初の生命の分子は触媒機能も持っていなければなりません。それを1種類の分子で実現できるのはRNAしかありません。

こうしたことから、地球最初の生命は自己複製系のRNA生物であり、それが現生生物へと進化したのだと、現在では考えられています。ただし、ヌクレオチドは1個だけでは情報を伝えることはできず、200個くらいつながらなくてはなりません。簡単な構造を持つ分子化合物が2分子以上結合して分子量の大きな別の化合物を生成する反応を「重合」と言いますが、分子を重合させるためには脱水縮合反応が必要です。その脱水縮合反応は、乾燥した場所でないと起こりません。だから私は、「地球で最初に生命が誕生した場所は陸地だ」と考えているのです。たとえば陸地の温泉付近だったと。

高井　RNAワールド仮説は登場したときの目新しさで人気が出ました。けれど、実はRNAよりもタンパク質をつくるほうがはるかに楽なんです。それにもかかわらず、なぜ簡単に生成できるタンパク質ではなく、よりつくるのが難しいRNAで生命をつくらないといけないのか。私にはその理由がわかりません。

遺伝にはRNAが必要であり、現在地球上に存在するすべての生命にとって重要なものであるということは間違いありません。しかし、だからといって地球に誕生した生命が最初からRNAの機能をフル装備している必要があったでしょうか。むしろ地球に誕生した最初の生命は、RNAのような明確な情報分子を持っている必要などなく、タンパク質によって触媒される代謝ネットワークのダイナミズム、つまり代謝のパターンや動きを情報として引き継ぐという簡単な遺伝システムで成り立っていたと考えてもよいのではないかと思います。

アミノ酸の結合には、遺伝子情報を翻訳する仕組みが不可欠

山岸　RNAワールドを検証するにあたって最も重要なことは、タンパク質をつくるプロセスです。タンパク質があっても、タンパク質をつくることはできません。タンパク質は遺伝子があって初めてつくることができます。そうなると、タンパク質はRNA複製の後に誕生したと考えるほかありません。

高井　タンパク質をつくるプロセスは、どう考えますか？

山岸　タンパク質は、アミノ酸が多数結合した高分子化合物ですが、現在の生物だと、そのアミノ酸が結合するためには、遺伝子情報を翻訳する仕組みが欠かせません。ところが、アミノ酸を使い始めたばかりの生命は、RNA複製はするけれど、転写・翻訳の機能を持っておらず、ただのアダプター分子※にアミノ酸がくっついていただけだったという説が

提唱されています。

その後、生命はアミノ酸を2個、3個とつなげることができるようになり、ある程度の数のアミノ酸が連なることによって、触媒機能など様々な能力を持つようになったと言われています。その過程で現在のmRNAがつくられ、鋳型として働くようになりました。最初はアミノ酸の種類を選択する能力などはなかったはずですが、アミノ酸の種類を選択していったほうが優れたタンパク質を効率よくつくることができるので、そのような機能を徐々に確立していったのだと思われます。

実際、その証拠も残っているのですよ。たとえば、生物の体をつくるアミノ酸は、現在約20種類あることが知られていますが、昔はこれよりもずっと少なかったことがわかっています。このアミノ酸をタンパク質にするためには、アミノ酸同士をつなげなくてはなりません。つなげるためのエネルギーを与える（活性化する）酵素が、それぞれのアミノ酸に対応して約20種あるわけですが、最初はその酵素の種類もずっと少なかった。最初は2種類だけで、それから数種類へと増えていって最後に現在の約20種類まで増えていったの

※情報を細胞内の他の分子に伝える働きをする分子のこと。

です。つまり、アミノ酸の種類はＲＮＡワールドが誕生した後、転写・翻訳機能を獲得する過程で増えていったと考えられます。

マーチソン隕石からの発見

高井　今のお話については、まったく異論はありません。ただ、私は山岸先生の考える生命の起源よりも前の段階を論じたいのですね。

山岸先生は、生命の出発点をＲＮＡにしていますが、私は「それでは当たり前すぎて、これまでの生命の起源の問題解決を大きく前進させるには物足りない」と思っています。ＲＮＡが生まれる前の段階から生命は誕生していたけれど、その生命は複製機能を持たず、単に代謝して増えるだけのものだったのではないかと言っているわけです。

山岸　しかし、遺伝子がなければダーウィン進化は起こりません。ダーウィン進化とは、チャールズ・ダーウィン（１８０９〜82年）が唱えた生物の進化に関する理論のことです。１８５８年に進化論を提唱し、翌１８５９年に有名な『種の起源』を刊行したダーウィンの説によると、変異の生じた多数の個体の中で、より環境に適応したものが生き残り、子孫を増やしていったとされています。

高井　これは「生命の定義」に関わる問題ですね。

山岸　どこからを生命と見なすかによって定義は変わってきますが、「ダーウィン進化しないものは、生命と呼べない」というのが私の基本的な立ち位置です。

高井　ＲＮＡをつくらないと共通祖先には絶対にたどり着きませんから、その点については私も否定しません。しかし、問題は「ＲＮＡ生物は自身を包むような脂質の膜をどうやってつくり出したのか」ということです。ＲＮＡ自身がそうしたものをつくれるはずはないので、膜に関しては「他人任せ」ということになります。そうなると、脂質の膜をつくるところも含めて、ＲＮＡの前に生命がいたと考えるのが自然ではないでしょうか。

山岸　遺伝情報を持たない生物が複製することを証明してくれれば、私も考え直しますが、ダーウィン進化が不可欠である以上、それは絶対ありえないですね。確かに遺伝子を包む脂質膜に関しては、これまでのところ説得力のある説明がなされていません。

ただ、何も証拠がないというわけではなく、たとえばＮＡＳＡ（アメリカ航空宇宙局）の研究者たちによって、１９６９年にオーストラリア・ビクトリア州のマーチソン村に飛来した「マーチソン隕石」から、糖やアルコール化合物などが発見されました。あらゆる生命体を構成するタンパク質の基本構成要素であるアミノ酸もマーチソン隕石中に70種類以上発見されていることから、「生命材料の宇宙起源説」を裏付ける証拠と言われています。

高井　生命材料の宇宙起源説とは、「地球の生命の素となった物質は、彗星や隕石によって宇宙から運ばれてきた」という仮説のことですね。これまで多くの隕石の中から、およそ70種類のアミノ酸と脂肪酸が見つかっていて、マーチソン隕石の中からは核酸塩基も8種類ほど発見されました。こうした隕石は、もしかすると火星など他の惑星にも生命の材料を運んでいたのではないかと言われています。

山岸　マーチソン隕石の中から見つかった高分子有機化合物に関しては、宇宙生物学者で横浜国立大学大学院工学研究院教授の小林憲正先生の本に詳しく書かれています。小林先生は、この高分子有機化合物のことを「ガラクタ」と呼んでいますが、重要なのは、この有機化合物が球状の構造をとる可能性があるという点です。まだ証明はされていませんが、それが証明されれば、初期の脂質膜の候補となるでしょう。

最初の生命の膜の材料

高井　マーチソン隕石や他の炭素質の隕石の中には「マイクロ・グロビュール」と呼ばれる直径1マイクロメートルくらいの膜状の構造もありました。これも初期生命の脂質膜の候補の一つと言われています。

山岸　さらに1950年代には、日本人科学者の原田馨とアメリカ人科学者のシドニー・フォックスが原始地球環境で生命様物質「プロティノイド・ミクロスフェア」を生成する実験に成功しています。プロティノイドは「タンパク質もどき」で、ミクロは「微細」、スフェアは「球体」という意味ですから、プロティノイド・ミクロスフェアとは「微細な球体をしたタンパク質もどき」ということになるでしょう。

原田とフォックスが共同で実験を行い、アミノ酸を乾かした状態で数百℃の溶岩の上に載せたところ、脱水縮合反応が起こり、アミノ酸同士がつながったというのです。このプロティノイドを水に溶かすと、微細な球状構造をつくりました。これが、プロティノイド・ミクロスフェアです。とはいえ、これは完全な閉鎖系ではなく、水などが簡単に通ってしまうので、この中でRNAが保持され、複製されるかについては疑問が残ります。

高井　生命体を構成する膜の材料については、まだよくわかっていないところが多いですね。

山岸　それらしいものが発見されてはいるのですが、最初の生命の膜の材料が何だったかについては、現在のところまだはっきりとはわかっていません。私としては、マーチソン隕石の中から発見された糖やアルコール化合物が最有力候補だと考えています。量は少ないですが、立派に脂質膜を形成していました。

だから高井先生が主張するような、代謝系が関与する余地はないと思います。仮に代謝系が進化したとしても、RNAにはなりえません。生命が誕生するには、まず遺伝子が存在して、それがリボザイムをつくり、そのリボザイムが触媒として働くことで反応を促進させる必要があります。つまり、生命の出発点はRNA以外に考えられないのです。

代謝型生命という母屋

高井　山岸先生の考え方は、すべて都合がよすぎると感じますね。その考えでは、自分の欲しいものだけが都合よく自分の周りにあり、かつ利用できたということになります。しかし、そのような都合のよい話などあるわけがない。RNA生命が生まれる前には、その原型となる生命が生まれていなければならないと思います。

山岸　それが代謝型生命だったと考えているのですね。

高井　RNA生命が生まれるプロセスに関してはまだよくわかっていませんが、少なくともRNA生命が生まれる前段階に「代謝型生命という母屋」ができていなければならないはずです。おそらくRNA生命だけでは、いつまで経っても全生物の共通祖先にはたどり着かないでしょう。その「代謝型生命という母屋」を、山岸先生のおっしゃるような従属栄養型のRNA生命が乗っ取っていったというわけです。

山岸　ただ、それだと「では、そのRNA生命はどのようにしてつくられたのか」という大きな課題が依然として残りますね。

高井　その問いかけに対する具体的なアイデアはまだ見つかっていませんが、おそらくRNA生命が生まれるまでには膨大な時間があったはずです。生命にとって大事なのは持続性で、持続できなければ、どんなに優れた機能を持つ生命が誕生しても一発屋で終わってしまいます。代謝型生命の場合、進化する必要はなく、とにかく持続する母屋でさえあればよかったはずです。

LUCAにつながる可能性

山岸　RNA生命が誕生した後で、最低限必要なのはRNAを構成するヌクレオチドです。誕生したばかりのRNA生命は材料となるヌクレオチドを、他のRNA生命と競争して奪い合っていたでしょうから、結果としてヌクレオチドが大量に不足していました。だから、ヌクレオチドを自分で合成できるリボザイムが偶然できたとすると、周囲のヌクレオチドをすべて食い尽くした後でも自分で生成できるので圧倒的に有利になります。

おそらく最初のRNA生命は、ヌクレオチドをつくる程度の機能しか持っていなかったでしょう。しかし、次世代のRNA生命は、様々な代謝反応をするリボザイムをつくるようになっていきました。これこそが、代謝系に相当するのではないでしょうか。

高井 そもそもRNAも、最初はランダムにつくられたわけですよね。生成されたRNAが偶然にも都合のよい機能を持っていたことから、その能力が自然選択されて残っただけです。現在、代謝型生命が残っていないからといって、最初から誕生しなかったと考えるのは違うと思います。

山岸 もちろんRNA生命の複製も、たくさんの失敗があったはずです。たまに複製に成功したRNAが現れたとしても、正確性が十分でなければ、それ以上増えていくことはないでしょうから。現在の触媒として働くリボザイムからして複製速度が遅いので、優れたRNA生命が誕生するためには1億年程度はかかったと考えられています。

高井 すべての現生生物は、共通祖先であるLUCAの子孫です。だから、もしかすると単に我々には現存するシステム以外の仕組みを持つ生命が見えていないだけなのかもしれません。

山岸　確かに、現存するシステム以外の仕組みを持つ生命が地球上には残っていないので、我々には進化によって選択された結果しか見えていません。

高井　見えていない代謝型生命が先に生まれていて、その母屋に守ってもらったと考えるほうが、ＲＮＡ生命が生き残る確率も、それがＬＵＣＡにつながる可能性も高くなると思います。

第2章　生命はまだ定義されていない！

生命の定義らしきもの

山岸　そもそも「どういうものを生命と呼ぶのか」という生命の定義自体が研究者によって様々で、いまだ定まっていませんね。それでも日本において主流の「生命の定義らしきもの」を挙げるとするならば、日本の生化学者・江上不二夫（1910〜82年）が著書『生命を探る』（岩波新書）で述べている「①膜で囲まれている」「②代謝をする」「③複製・増殖する」、そして「④進化する」の4点になるでしょう。最初の3つは、先述した「生命にとって最低限必要な3つの機能」ともやや重なっています。

高井　膜は重要ですね。細胞は膜に囲まれているし、我々の皮膚も膜と言うことができます。そうなると、脂質のような有機物が絶対に必要です。それに、運動以外にも生体物質の合成にはたくさんのエネルギーを使いますから、代謝も不可欠になってきます。

山岸　さらに一つの細胞が2つに割れる、あるいは親が子どもを産むという複製・増殖も、一般的には生命の定義に入ってきますね。

高井　私としては、自分自身を複製する感じではなく、サイズ的に大きくなった自分を二分割するような分裂でいいのではないかと考えます。そのような膜で覆われた増殖と分裂を繰り返す持続的な代謝体は、もはや生命としか思えないということです。

山岸　けれども、そこから外れる生物はいくらでも存在します。たとえば、女王アリや女王バチはタマゴを産みますが、働きアリや働きバチはタマゴを産まないので、増えることはありません。しかし働きアリや働きバチを生物ではないと思う人はいませんよね。

1匹のハチやアリを取り出すと難しくなるので、ハチの集団とかアリの集団とかまとまった状態で考える必要があるでしょう。その集団が増えたり、維持されたりすることが生命の特徴なのです。

4番目の進化も重要で、変異が起きるからこそ生物は環境の変化に対応していくことができます。

高井　ただ、生命の定義というのは、実はそんなに重要なことではありません。定義というのは、考え方の尺度によっていろいろと変わってしまうので、必ず反対意見を言う人が出てきます。そうなると、「俺は認めん」とか「俺はこう思う」などと揉めて、結局「生命の起源」にまで話が進まなくなってしまう。それよりも重要なのは、「生命が存在するのに必要な条件」を決めることです。そのほうが定義よりもずっとわかりやすいと思います。

江上不二夫の生命の定義

①膜で囲まれている
②代謝をする
③複製・増殖する
④進化する

生命に必要な3条件

高井　「生命が存在するのに必要な条件」として、最も重要なものは「エネルギー」ですね。

山岸　確かに、生命体の維持・活動にも、エネルギーは不可欠です。

高井　深海の熱水活動域では高温の流体が移動し、絶えず熱を放出しています。だから、熱や力学的なエネルギーが利用可能です。

　この環境を化学的に見てみると、まず水と岩石が熱エネルギーによって反応することで、岩石成分の溶け込んだ熱水がつくられますが、この熱水には高温・高圧反応によって生成された豊富な還元性物質が含まれています。それと同時に、海水や熱水には酸化性物質も含まれています。

山岸　還元性物質と酸化性物質が共存した状態だと、いずれ発熱反応が進みますね。

高井　発熱の代わりに、還元性物質と酸化性物質の間で電子のやり取りを行い、電気化学エネルギーが発生します。つまり、熱エネルギーから電気化学的エネルギーへの変換ですね。太陽光の届かない真っ暗闇の深海でも、そのような電気化学的エネルギーが供給されています。

　そうなると、無機物から有機物をつくり出すためのエネルギーを深海でも得ることができる。つまり、必ずしも太陽の光エネルギーはいらないということになります。

山岸　では、エネルギーの次に重要な生命の条件は何でしょうか。

高井　2番目は「元素」です。我々の体は約30種類の元素でつくられていますが、それらのうち酸素、炭素、窒素、水素、リン、そして硫黄の6種類は、生物の有機物を構成する6大元素と呼ばれています。体内における複雑な反応はタンパク質が担っているわけですが、そこには多くの場合、鉄、ニッケル、銅、亜鉛などの金属元素が関与しています。マグネシウムやカルシウム、マンガンも重要で、こうした様々な元素が生命を維持する代謝には絶対に必要なのです。

これら30種類ぐらいの元素は、そこらへんの岩石にもいっぱい含まれています。だから、「岩石をバリバリ食べたら、元素を取り込める」と思いますよね。ところが、元素はそのままでは使えません。あくまでイオン化したものしか利用できませんので、様々な元素を溶かすものとして水が必要となってくるわけです。

山岸　そうなると、そこには自動的に水も入ってきますね。

高井　水素と酸素が2番目に挙げた元素に入っているので、水は元素の中に含めていいでしょう。生命が必要とする条件で3番目に重要なものは「有機物」です。なぜかというと、有機物は複雑な三次元構造をつくり、かつ、それがしなやかな構造をしているからです。たとえば我々の体が鉄でできていたとしたら動きづらいし、維持したりつくり直したりするのも難しいでしょう。生物の体は、柔らかくてしなやかで壊れやすいけれども、つくり直しやすい高分子有機物からできています。機能や形を必要に応じて変えることができるからこそ、生物は驚くほど多様な環境で生命活動を維持することができるのです。

深海の熱水活動域には、これら生命に必要なものが、複雑な高分子有機物を除いて、すべて揃っていると考えられています。しかも、いつどこで発生するかわからないような環境ではなく、地球の長い歴史において、ずっと普遍的に豊富に存在している。そして何よりも、宇宙においても普遍的に存在しています。

山岸　高井先生が考える生命が存在するための条件は、「①エネルギー」「②元素」「③有機物」の3つということですね。

高井　その条件を満たしている場所が、深海の熱水活動域です。そこで生命が誕生したのなら自ずと、その誕生のプロセスは決まってくると思っています。宇宙のどこに行っても、同じやり方で同じものが生まれるはずだと。だから生命が生まれるのは、熱水活動域をおいて他にないと考えています。

なぜ深海の熱水活動域なのか

山岸　生命が誕生したのは、深海の熱水活動域以外にありえないでしょうか。

高井　先ほども言いましたが、地球では約40億年もの間、熱水活動が深海の底で続いています。様々な条件が揃っている深海の熱水活動域では、同じような生命が何度も繰り返し必然的につくられていたとしてもおかしくありません。

今や、生物のごく限られた数の遺伝子の配列情報だけでなく、全ゲノム配列に関する情報が短期間で簡単に得られる時代です。そのため、近年では多くの生物のゲノム情報を利用した進化系統学的な研究や生物情報学的な解析が進められています。これらの研究結果から、LUCAは深海の熱水活動域で誕生し、そこから地球の様々な環境に適応放散※・進化していったと、現在では考えられています。

山岸　陸地の温泉付近で誕生し、それから深海の熱水活動域へ進出したとは考えられませんか。

※同類の生物が、様々な環境に適応して多様に分化し、比較的短い期間内で多数の別系統に分岐していく現象。オーストラリア大陸の有袋類が好例。

高井　先にも述べましたが、ＬＵＣＡはあくまでも共通の祖先であって、最初の生命ではありません。したがって、もし最初の持続的生命が陸上で生まれたと仮定すると、その最初の生命は、空間的にも環境条件的にも隔てられた深海の熱水活動域にたどり着き、ＬＵＣＡとなって、そこから広がっていったということになります。

そういった過酷な旅路で死に絶えることなく適応放散・進化に成功するなんていう都合のいいシナリオは、物語としては面白いですが、確率的には極めて低いと言わざるをえません。だったら最初から海の中で、そして必然的に生まれたと考えたほうがよいのではないでしょうか。

ただし、これはあくまでも「今のところは」という考え方にすぎません。私はフィールドワーカーですので、フィールドで見たものが思考の原点であり、「答えはすべてフィールドの中にある」というのが信念の一つです。ですから、今のところは「生命は偶然にではなく、生まれるべくして生まれた」と思っていますが、現在の考えとは矛盾する現象が観察されたり、その兆候が提示されたりすれば当然、掌をクルクル返して考えを変えることでしょう。

生命にはダーウィン進化が不可欠

山岸　現在の微生物の大きさは、わずか1マイクロメートルほどですから、地球で最初に誕生した生物もおそらく、それぐらいのサイズだったと思われます。これにはちゃんとした理由があって、細胞膜は二重になった脂質ですが、この脂質膜で囲まれた物質は表面張力と強度の関係から、物理的にだいたい1マイクロメートルぐらいの大きさになるわけですね。生命の定義にも入れましたが、私はこの「膜があること」を「生命が存在するのに必要な条件」として第一に挙げたいです。

高井　膜を持たない生き物というのは、考えられませんか。

山岸　宇宙の生物を考えたとき、DNAやアミノ酸を持っていなくても驚かないし、場合によっては有機物でつくられていなくてもかまいませんが、ダーウィン進化は確実に行われているはずです。ダーウィン進化が起こる場合、個体を1個、2個と数えられなくてはなりません。あなたがあって私があるから競争が発生し、進化するわけです。区分けのないドロドロの溶液だったら、進化など起こるはずがないでしょう。だから生命は膜に包まれている必要があるのです。

高井　その他の「生命が存在するのに必要な条件」には、どのようなものがありますか？

生命に必要な3条件

高井説

①エネルギー　②元素　③有機物

山岸説

①膜　②エネルギー

③情報を伝える核酸

山岸　２番目に必要な条件は、先ほど高井先生も挙げられていた「エネルギー」です。膜の中の構造を維持するには、エネルギーを必要とします。続いて３番目の条件は、「情報を伝える核酸」です。仮にエネルギーを使っていたとしても情報を持っていなければ生命とは考えづらい。たとえば、ろうそくの炎がボーッと燃えているときは、エネルギーを使っています。もちろん代謝もしていますが、そこには情報がない。だから複製することはありません。

進化する、つまり後の世代に形質が伝わっていくには情報が必要です。そして、今知られている分子で情報を伝えられるものは、ＤＮＡやＲＮＡといった核酸しかありません。もしこれらの条件を満たしていない生物が見つかったとしたら考え方を変えるかもしれませんが、それまでは「①膜」「②エネルギー」「③情報を伝える核酸」の３つを、私は「生命が存在するのに必要な条件」と考えています。

高井　おっしゃっていることはよくわかります。でも、情報というのは、「生命とは何か」という問いや、「生物の定義」に関わる話になってきますね。生命を一過性の現象として捉えることを含むか、変動する環境の中でも持続しうるものと捉えるかによって、今の議論は少し変わってくると思います。

共通祖先の遺伝子を再現する

山岸　ここからは、遺伝子に注目して生命の起源について考察していきましょう。化石の場合ですと、生物の化石は約38億年前のものが残っていますので、それを調べれば「とにかく生き物がいた」ということはわかりますが、それがどのような生物だったのかを調べるのは、ほとんど不可能です。ただの炭素になっていますからね。

それに対して、昔の生き物がどのような生物だったのかという情報が、現在の生き物の遺伝子の中にまだ残っていることがあります。だから、過去の生物の遺伝子を復元できれば、生物が進化してきた道筋や、どの段階で種の分化が起こったのかを解明できるでしょう。

高井　地球上のすべての生物は、遺伝子の仕組みやタンパク質合成機構、そして代謝系がある程度共通しています。たとえば大腸菌も、我々人間の遺伝子と共通している部分が約7%も存在している。こうしたことから「地球上の全生物は、一つの祖先生物から進化してきたのではないか」という考えが広まったのですね。

山岸　その「現在の地球上に存在するすべての生物種は、共通の祖先から長い時間をかけて進化してきた」という「全生物共通祖先説」を最初に考えたのは、進化論で有名なダーウィンでした。

先述したように、現存する全生物の共通祖先をLUCAと言いますが、その他にも「プロゲノート（progenote）」や「コモノート（commonote）」といった呼び名があります。プロゲノートは、1990年に「3ドメイン説」※という生物の分類体系を提唱したことで知られる、微生物学者のカール・ウーズが付けた名前です。

彼の定義からすると、その生命は「まだ遺伝の仕組みがきちんと確立する前の生物」ということになりますが、全生物の共通祖先は、かなりしっかりとした遺伝の機構を備えていたと思われます。だから私は、プロゲノートという呼び名は不適切と考え、コモノートと命名しました。コモノートとは、「共通の生物」という意味です。共通を意味する「コモン」と、生物を表す「ノート」から名付けました。共通祖先の名前は、世界的にはLUCAのほうがポピュラーですが、概念的にはほとんど同じです。

高井　LUCAもコモノートも、系統樹をたどってどんどん昔にさかのぼっていくと一つの生物（共通祖先）にたどり着きますね。

山岸　遺伝の仕組みをいろいろ考えると、LUCAもコモノートも今の生物とほとんど変わらなかったと考えられます。私がコモノートという名前の生物種を提案したのは、今から30年ほど前に古細菌が環状ゲノムを持つことを発見したことがきっかけです。我々人間を含め、動物や植物のゲノムはすべて線状ですが、バクテリアなどの原核生物のゲノムは、ほとんどが環状でできています。

なぜそうなったのかについては、まだよくわかっていません。ただ、真正細菌のゲノムが環状であることはわかっていたので、古細菌のゲノムも環状であるならば、現存する生

※現在主流の生物学説では、生物全体を真核生物（ユーカリア）、真正細菌（バクテリア）、古細菌（アーキア）の3つに大別する。真核生物とは、動物、植物、菌類、原生生物など、身体を構成する細胞の中に細胞核と呼ばれる細胞小器官を有する生物のことを指す。真正細菌とは大腸菌や藍藻（シアノバクテリア）といった一般的な細菌・バクテリアなどの原核生物。古細菌は好熱菌、メタン細菌、硫黄細菌など、一般的な細菌とは区別される原核生物で、真核生物と近縁で共通の祖先を持つと考えられている。

物の共通祖先は環状ゲノムを持っていたと推定できます。

共通祖先は超好熱菌だった？

山岸　遺伝子を解析して生命の系統樹をたどっていくと、現存するすべての生物の共通祖先は「超好熱菌」だったという結果が出ています。これは、その名の通り「80℃以上でよく増殖する微生物」です。

解釈は様々ですが、地球の生物は共通祖先である超好熱菌から2つに枝分かれしたのちに、一方は真正細菌に、他方は古細菌と真核生物に分岐していったとされています。しかし、ほんの少し前までは「共通祖先は超好熱菌ではない」と言う研究者がごまんといました。

高井　そんな人たちがたくさんいましたね。もうみんな消え去ったのですか？

山岸　いまだに残ってはいますが、その後ほとんど論文が出てこないので、まあ「共通祖先は、超好熱菌だった」というのが、現在では定説になっています。極限環境微生物学者は以前からそう信じていましたが、いわゆる分子生物学者や分子系統学者の人たちは、すごく批判的でしたよね。

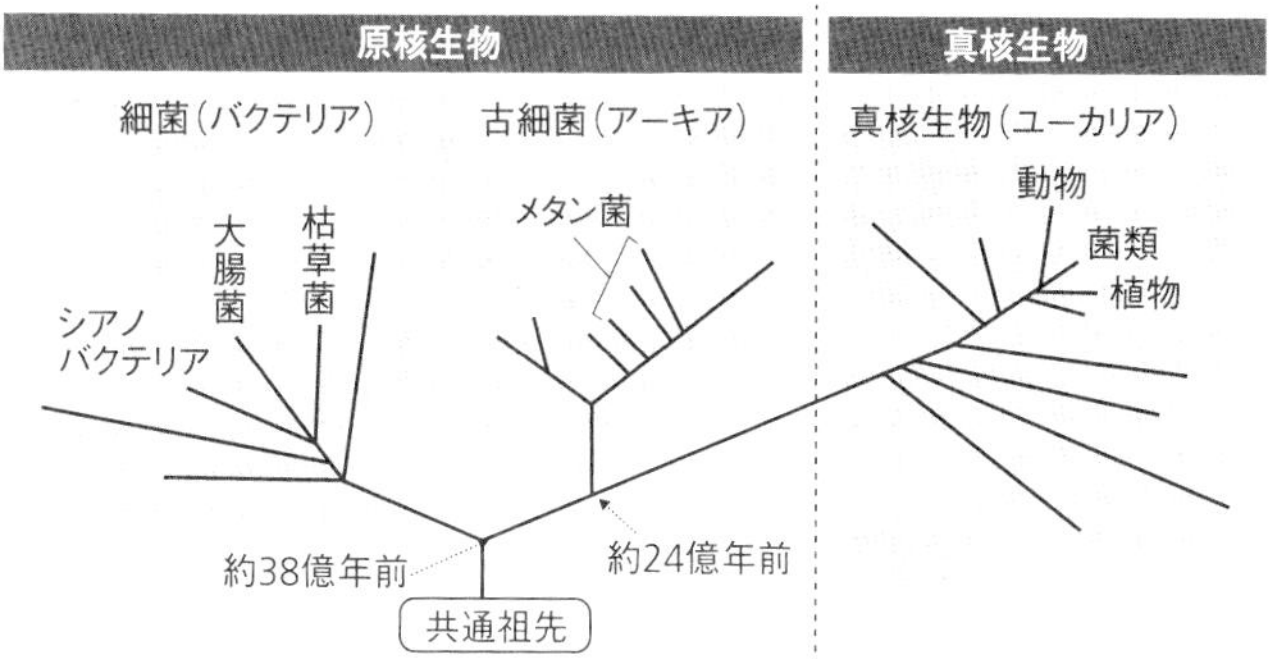

生物は細菌（バクテリア）、古細菌（アーキア）、真核生物（ユーカリア）の3つの大きなまとまりに分けられる。古細菌は細菌よりも真核生物に近く、約24億年前に分岐したと推測されている。

高井　最初の生命は深海の熱水活動域で生まれたのですから、まあ超好熱菌で問題ないでしょう。

山岸　いや、最初に生命が誕生したのは、おそらく陸地の温泉ですよ。ただ、いったん生まれた後で、深海の熱水活動域に移動したのだと思います。

高井　必ず海の中を通らないと地球上に拡散していかないので、ＬＵＣＡの誕生場所としては深海の熱水活動域が絶対です。噴火などにより、ある火山から数百キロ離れた別の火山まで空中を飛ばすことは可能かもしれませんが、そのような移動方法ではおそらく、ほとんどの微生物は到達できずに死んでしまうでしょう。

生物がもともと生息していた環境とは大きく異なる条件で、生存したまま移動するというのは、めちゃくちゃ大変なことです。しかし、海の中でと思います。

生息していた微生物にとっては、海の中を移動するのは比較的容易だし、海の中の熱水がある場所は基本的に同じような環境ですので、そこで増殖しながらどんどん広がっていく

生物にとって海のほうが有利な理由

高井　生物というのは、1匹、あるいは1細胞生まれたからといって、その1匹、1細胞がこの40億年もの間、つながり続けるなんていう状況は確率的に言って非常に小さい。だから、生命が持続するためには最初の母数を増やしたいわけですが、ごく初期の生命の細胞の数を大きくしたいのであれば、海のほうが絶対的に有利だと思います。

山岸　確かに、陸上を移動するのは簡単ではありません。でも、それこそ確率の問題です。微生物の複製スピードは相当に速いので、試せる可能性はとてつもなく多くなります。

遺伝子分析で陸上の温泉の微生物を調べると、系統学的にかなり近いやつが距離の離れた場所に存在していました。飛んで移動したというのは、確率的にはもちろんとても低いのですが、ゼロではない。それがものすごく重要なわけです。

高井　残念ながら、陸上の温泉微生物が大気中を飛んで移動したという直接的な証拠は今

のところ存在しません。私はむしろ、大気による移動ではなくて、地殻の岩石の中にすでに種となる微生物が入り込んで拡散していったという説を支持しています。

温泉や深海の熱水活動域を支える熱水循環は地殻の中で起こりますが、その地殻はプレートによって様々な場所に運ばれます。熱水循環によって地殻の中に生息していた微生物は、地殻の移動に伴って、緩やかに死滅しながらも拡散していくわけです。

山岸　その仮説を否定しませんが、飛んで移動した可能性も捨てきれません。一気に移動したわけではなく、温泉をずっと渡り歩けばいいのですよ。

高井　今の海の生物の多くは、様々な深さに応じて生じる海流に乗って移動します。間違いなく海流が分散を支配していたわけです。

山岸　ただ大気の上空にも、微生物は生息していますよね。

高井　もちろん、大気中での微生物の分散も重要です。どのくらいのスピードで分散し、どのくらい遺伝的な差を生み出すのかという研究は非常に面白い。けれども大気圏って、存在している微生物の種類はそれほど多様ではありませんよね。

山岸　紫外線が強いので、放射線耐性を持つ生物が優勢的に分布しています。大気圏の上空にいる微生物は、飛行機や大きい気球を使って採集することができます。

私の研究チームが大きい気球を使って、日本の上空（成層圏）で放射線耐性を持つ微生物を見つけました。面白いことに、それとほとんど同じ種類の微生物が、インド上空やアメリカ上空でも見つかったのです。成層圏では、大気が地球の東西方向に循環しています。つまり、こういう菌はおそらく大気中の風に乗って世界中を移動しているのです。

第3章　生命に進化は必要か？

ダーウィン進化は必要ない？

山岸　この章では、ダーウィン進化について検討していきたいと思います。繰り返しになりますが、日本で広く受け入れられている生命の定義は、「①膜を持つ」「②代謝する」「③複製・増殖する」「④進化する」の4つでした。その中でも特に重要なのは、「③複製・増殖する」「④進化する」の2つ、つまり進化（変異）がしっかりと子どもに伝えられなくてはなりません。代謝の機能を子や孫に伝えられるシステムがあるのなら、それは生命と言っていいと思います。

高井　それは、ダーウィン進化を生命の定義に入れるからですよ。私は「生命の定義に、ダーウィン進化を入れない」派です。我々にとっては必然だし、重要なのは間違いありませんが、別に「すべての生命にダーウィン進化は必要ない」と私は考えています。

山岸　その考えは面白いですね。

高井　私は「持続してこそ、初めて生命である」と捉えています。それに、「生命の定義」4つ（「①膜を持つ」「②代謝する」「③複製・増殖する」「④進化する」）のうち、2つとか3つとかを満たす人工生命というものは、すでにたくさん存在しています。4つ全部は揃っていないけれど、たとえば「膜に覆われた核酸のような遺伝情報を複製する機能を持った人工生命」とか「膜に覆われた核酸のような遺伝情報を複製し、突然変異を起こしながら機能が高まっていくというダーウィン進化を再現した人工生命」は、実験室内ではすでに再現されています。であれば、4つの条件を完全に満たす生命が完成する前に、2つや3つの条件を備えた生命が誕生して、それぞれが融合することで、4つの条件を満たす生命が生まれたとしてもいいのではないかと思うのです。

表現型ゆらぎも環境選択を受ける

山岸　まあ、あとは、生命をどう定義するかの問題ですね。でも代謝の機能があるだけでは、やはり生命とは呼びづらいと私は思いますよ。変異があっても徐々に希釈していき、それが次世代に伝わっていかないからです。しかし遺伝子系が誕生すれば、変異は必ず受け継がれていきます。ダーウィン進化の何がいいかというと、いろいろな変異を何回も試せることです。

高井　しかし、最近はダーウィン進化を伴わない微生物の適応という現象が知られています。たとえば、医療現場でも問題になっている細菌の抗生物質耐性について考えてみましょう。非常に単純化したダーウィン進化の考えでは、「あるとき、突然変異や遺伝子の水平伝播※によって、抗生物質耐性に関わる遺伝子を獲得する。あるいはその遺伝子に変異が生じて耐性菌が生まれ、それが生き残ってやがて広まっていく」と考えられてきました。しかし現実に、そのような現象だけでなく、抗生物質耐性に関わる遺伝子やゲノムにはなんの変異も起きることなく、抗生物質耐性を獲得し、かつその耐性が次世代に伝わっていくという現象が見つかりました。細菌の抗生物質耐性のような表現型ゆらぎによる環境への適応と、その表現型の情報伝達が起きることがわかりつつあります。

山岸　ここで言うゆらぎとは、「たとえ同じ遺伝子セットで、同一環境の条件下に置いたとしても、機能の発現の仕方に違いが生じる」ことですね。実際、大腸菌のタンパク質発現量は、同じ環境下の同一ゲノムであっても、数十%以上の個体間変動を示すことがあります。

高井　必ずしも遺伝子や遺伝型の変異や獲得、再構成だけが環境選択を受けるわけではなく、代謝や機能といった表現型ゆらぎも環境選択を受けるということです。私は、理化学研究所の古澤力《ちから》先生のグループがその研究成果を発表しているのを聞いたとき、もう瞬間的に「はい、ダーウィン進化いらない！」と感じましたからね。

山岸　そのようなことが、技術の進歩によって解明されてきたのですね。

高井　今では、一つの微生物に起きた遺伝子の変異を、全ゲノム解析によってすべてチェックすることができます。そうして、表現型が異なる微生物のゲノムをすべて調べてみたところ、その機能に関わるべき遺伝子には、なんの変異も起こっていなかったことがわかりました。では何があったのかというと、自己の代謝のパターンやダイナミズムを変えていただけで、それが何世代も続いていたというのです。

山岸　それは、ダーウィニストからすると、「そのようにプログラムされているだけ」と説明できます。そうした、「ゆらぎによって代謝を調節できるようなタンパク質の調節システムを進化させた生物」が生まれてきたということです。

高井　屁理屈キターー（笑）。でも、環境条件を変えたり、ストレスを除去したりすると、元の表現型に戻るはずじゃないですか。抗生物質耐性の場合、抗生物質を抜いて何世代も培養した後にも、抗生物質を入れると、すでに獲得していた抗生物質耐性が再び機能して、

※遺伝子が生殖によって親から子へ伝わるのではなく、個体間や種を超えた他生物間において起こる遺伝子の取り込みのこと。主に細菌で起こるが、微生物から宿主昆虫へのゲノム水平転移といった例も報告されている。生物の進化に影響を与えたと考えられている。

その能力が維持されていることが示されています。これはダーウィン進化では説明できないですよ。

山岸　いや、だからといって、ダーウィン進化を否定してはいけないと思います。そうした適応能力は遺伝子に書き込まれているし、その適応のための遺伝子も、ダーウィン進化によって獲得されたのです。

ダーウィンが『種の起源』の第1版で言っているように、「もしほんの少しでも何らかの点で有利であるような個体があると、その個体にはより大きな生存の機会が生じ、その結果、その個体は自然によって選択されることになる」というやり方で自然選択されたわけですから、これもダーウィン進化と言えます。

高井　ダーウィン進化を否定するわけではありません。どこかで本当にダーウィン進化が起きれば、非ダーウィン進化の個体は駆逐され、進化の歴史から消されてしまうでしょう。

だけど、非ダーウィン進化による適応種からダーウィン進化適応種への遷移が起きるには、時間がかかります。それに、突然変異や遺伝型の変化による適応は、ものすごく確率が低い。試している間に、環境が変化することだってあるでしょう。それこそ環境が変わった瞬間に適応できるかどうかは、時間のかかるダーウィン進化よりも、代謝パターンやダイナミズムで対応する表現型ゆらぎによる非ダーウィン進化のほうが有利だと思います。
つまり、「生命は、ダーウィン進化以外の進化のパスを持っている」と考えたほうがいいかもしれないと言いたいのです。ただ、生物の進化の証拠としては、最終的にはダーウィン進化したものしか残らなかったので、地球上の生物は、ダーウィン進化でしか説明できないように見えているだけなのではということです。

ゆらぎは生命現象の重要なファクター

高井　代謝パターンやダイナミズムがある程度遺伝するということはありえます。それこそ理化学研究所の古澤先生や東京大学の金子邦彦先生たちは数理モデルに加え、理論、実験による検証を通じて、その可能性を証明しようとしています。

山岸　その意見を否定しませんが、そういうシステムがすでに遺伝として選択されているとも考えられないでしょうか。たとえば、体温調節の方法は生物によって様々ですが、ヒトやウマなどは汗をかきます。あれは別に意識して遺伝子を変異させて適応しているわけではなく、ただ単に代謝を変えているだけです。環境に対応して汗をかく仕組みを持っていたほうが生存するには都合がいいので、その仕組みを獲得した生物が生き残りました。

高井　先ほどの「代謝パターンがある程度遺伝する」という話はもう、ときどきのレベルじゃないですよ。しかも多細胞の集団である大型生物ではなく、単一細胞の微生物の話です。

山岸　それは、「細胞のゆらぎ」で説明できるかもしれません。「遺伝子の発現レベルが、細胞によってまったく違う」という現象は、かなりの確率で発生します。つまり同じ遺伝情報を持つクローン細胞であっても、個々の細胞の表現型を比べると大きなバラツキがある。そのような表現型ゆらぎは、生物全般に見られる普遍的な現象です。

高井　確かに、ゆらぎというのは生命現象にとって、非常に重要なファクターだと思います。ゆらぎがあれば、遺伝情報に変化がなくても、表現型や代謝機能に変化が生じるし、そのゆらぎ自体が遺伝しているといった可能性も考えられます。

山岸　それはありだと思います。たとえば、他と比べて、あまり発現していない現象があるとしましょう。そうした性質を持つ個体が分裂したら、両個体とも発現しなくなったり、あるいは発現しない傾向が強くなったりするといった可能性は十分考えられます。

高井　同じ細胞の中でも、発現している部分と発現してない部分がありますよね。その発現してない部分から分裂した細胞は、将来的にも発現しないという可能性は考えられるかもしれません。

ダーウィン進化と表現型ゆらぎ

高井　先述したように、私は「ダーウィン進化を生命の定義に入れる必要はない」と考えます。もちろん、今の生物には進化が必要ですが、地球最初の生命には進化するための機能が備わっていなくても不都合はないはずです。

現在、多くの人たちが生命に必要なものとしてダーウィン進化を挙げますが、実際のところ、ぼんやりとした情報が次の世代に受け渡されていくような、それこそ代謝しかできず遺伝子を持たないものであったとしても、それを生命と呼んでいいのではないでしょうか。ダーウィン進化は現存する生物の本質ではありますが、初期生命が必ず備えていなければならないとは言えませんよね。

山岸　その考えをどう受け止めるかは、研究者の度量しだいですね（笑）。それはともかく、確かに進化についてはまだよくわかってないことが多すぎます。ダーウィン進化を生命の定義に入れるか否かについては、実は大部分の生物学者って「そこまで考えていない」というのが正直なところです。生命については研究していますが、生命の定義などという面倒なことについては、多くの生物学者はそれほど深く考えていません。

ただ、考えれば考えるほど、ダーウィン進化以外の方法で生命が進化するというのは難しいでしょう。実際、現存する生物のほとんどは、ダーウィン進化の法則にしたがっています。

高井 そうかもしれませんが、理論的には表現型ゆらぎによる進化もありえると思います。

山岸 遺伝的多様性に起因しない表現型ゆらぎの影響は、結構大きいですね。

高井 大概のことはこの表現型ゆらぎの中で解決できます。表現型ゆらぎは「代謝のゆらぎ」と言い換えることもできますが、要するに我々が気温の変化に応じて服を着たり脱いだりするようなものです。我々は環境が変化するたびに、遺伝子を変異させて対応しているわけではなく、表現型を変化させることで対応しています。

その表現型ゆらぎは、ある程度安定し、かつ発現する機能が次世代にも受け継がれていくので、その現象を幅広く遺伝と捉えることもできるでしょう。表現型ゆらぎは様々な多様性を生み出しているだけでなく、次世代にも引き継がれるということが、すでに物理モデルで示されています。

生物の体は同期現象の宝庫

山岸　大腸菌の中には、同じ遺伝子を持っていても発現するスイッチのＯＮ／ＯＦＦが異なるケースがありますね。環境変動が起こったとき、ある遺伝子がＯＮになれば適応できるかもしれないし、場合によっては逆にＯＦＦのほうが生き残れるときもあるでしょう。こうしたシステムを獲得したことにより、大腸菌は適応範囲を大きく広げていったのかもしれません。

高井　生物は無数の分子の寄せ集めですが、分子の数が増えれば増えるほど、ゆらぎは小さくなり、恒常性を獲得できます。たとえば心臓の拍動や脳の電気信号などは、一つひとつの細胞が自分勝手に動いていてはうまく機能しませんが、多くの分子が集まることによって、同期させることができなかった齟齬《そご》の部分を吸収し、許容できるようにしているわけです。

山岸　生物の体というのは、同期現象の宝庫ですよね。ゆらぎに関しては、「遺伝子になんの変化が起きていなくても、抗生物質耐性を持つ」といった現象は、表現型ゆらぎの中で対応しているとも解釈できます。

高井　ひょっとしたら、ほとんどの進化は遺伝子が変化しなくても、表現型ゆらぎで十分説明できるのかもしれません。たとえば、地球の気温が急に上昇した場合を考えてみましょう。ダーウィン進化によれば、温度の上昇に適応した遺伝子を持つ生物のほうが、それを獲得していない生物よりも優勢とされていますが、実際は表現型ゆらぎで対応しているという可能性も考えられます。ひとたび、ダーウィン進化によって選ばれた遺伝子に遷移してしまうと、遷移する前の機能は完全に消え去ってしまう。そうなると、消えた機能というのは、ただ単に我々が知らないというだけなのかもしれません。

山岸 表現型ゆらぎに関しては、おっしゃる通りですね。誤解してほしくないのは、そのときに起こる変異には方向性がまったくないということです。変異はすべて偶然起こっています。少なくとも、環境に応じるよう変異が起こっているわけではありません。変異を持ったたくさんの個体の中から、より生存に有利なものが自然選択されるのが、ダーウィン進化ですね。

生物にとっての大量絶滅の意義

山岸 タンパク質はアミノ酸が多数結合してできた高分子化合物です。アミノ酸に対応する核酸の塩基配列のことを遺伝子コードと言いますが、その遺伝子コードが1、2個変化

82

するといったことは、比較的簡単に起こります。たとえば、細菌を試験管で培養すると、変化したアミノ酸を持つ個体が数十万個、一晩で誕生するのですね。しかし、遺伝子コードが一度にたくさん変化するというのは難しいので、大きな変化はなかなか起こりません。そうなると生物のある機能が一気に変化するには、通常の自然選択を経た適応進化以外のルートが必要になるでしょう。その可能性の一つが、大量絶滅だと考えられています。

高井　生物の入れ替わりですね。大量絶滅の直後には、空席になったニッチ（生態的地位）を埋めるべく、生き延びた生物による急激な進化が起こると言われています。

山岸　有名な例が、恐竜が絶滅して代わりに哺乳類が台頭したことですね。環境の激変によって生物が生きていくための最適解が変わります。ここでは、絶滅によってニッチが空くということが非常に重要です。

高井　でも最近、私は「ニッチが空くと進化の大躍進が起こる」ということに疑問を感じています。

山岸　進化の中途半端な中間段階の生物にいきなり競争をさせたら、自然界では絶対に負けてしまいます。しかし、そのような生物であっても生きながらえることができたのは、大量絶滅によってそれまでの競争種がすべて絶滅し、ニッチが空いたからなのですよ。

地質時代と生物界の変遷

地質時代 代	地質時代 紀	億年前	地球環境・生物界の変遷		
新生代	第四紀		ヒトの出現		哺乳類の時代
		0.026			
	新第三紀		人類の出現		
		0.23			
	古第三紀		哺乳類の繁栄 霊長類の出現		
		0.66			
中生代	白亜紀		被子植物の出現	大量絶滅	爬虫類の時代
		1.45			
	ジュラ紀		鳥類の出現		
		2.01			
	三畳紀		哺乳類の出現 恐竜類の出現	大量絶滅	
		2.52			
古生代	ペルム紀			大量絶滅	両生類の時代
		2.99			
	石炭紀		爬虫類の出現		
		3.59			
	デボン紀		両生類の出現 裸子植物の出現 昆虫類の出現	大量絶滅	魚類の時代
		4.19			
	シルル紀		魚類の出現		無脊椎動物の時代
		4.43			
	オルドビス紀		植物の陸上進出	大量絶滅	
		4.85			
	カンブリア紀		脊椎動物の出現		
		5.41			
先カンブリア時代			スノーボールアース(6億年前) スノーボールアース(7.6億～7億年前)		
		10	多細胞生物の出現		
			真核生物の出現		
		20	スノーボールアース(23億～22億年前)		
		30			
		40	生命の誕生		
		46	地球の誕生		

たとえば、ゾウの鼻は今の長さであれば、いろいろと役に立ちますが、あの長さに到達するまでには長い時間を要しました。中途半端な長さの鼻では単に邪魔なだけですから、このことがダーウィン進化を否定する例として、何度も取り上げられてきましたが、たとえ不利な条件であっても競争種がいなければ淘汰圧としては働かないので生存できます。

高井　たとえば、真核生物や多細胞生物は「スノーボールアース」といった環境の激変によりニッチが空いたことで、進化の大躍進を果たしたと言われています。スノーボールアースとは全球凍結とも呼ばれ、赤道付近も含め地球全体が完全に氷床や海氷に覆われた状態になった現象ですね。地層や化石の研究から、過去に少なくとも3回（約23億～22億年前、約7・6億～7億年前、約6億年前）は起こったと推測されています。

ただ、原核生物から真核生物へ、単細胞生物から多細胞生物への進化というのは、その間に大きな跳躍が必要です。単にニッチが空くだけで、そのような進化の大躍進は起こらないのではないでしょうか。

山岸　確かに、そのあたりのメカニズムについては、いまだによくわかっていません。とはいえ、多様な形状の生物が単一の祖先から出現する、いわゆる適応放散が起きたことは間違いありません。

その適応放散の最たる例が、約5億4000万年前に起こった「カンブリア大爆発」です。最近の化石の研究によると、カンブリア紀が始まるよりも少し前に、それまでにはない様々な多様性を持つ生物が一斉に誕生しました。この時期に現代のほぼすべての多細胞動物の祖先が出揃ったと言われ、動物の頭や胸、腹、脚などを形成するホメオティック遺伝子の数が大幅に増えているのです。

熱力学第二法則＝エントロピー増大則

山岸　ここで改めて、「生命とは何か」について考えたいと思います。オーストリアの物理学者エルヴィン・シュレーディンガーが、「物質はエントロピーが増大する方向に進むが、生命は外部から負のエントロピーを取り入れて、逆の方向に進んでいる」と言っています。エントロピーとは「乱雑さの指標」とよく説明される概念で、わかりやすく言えば物質的に濃淡（ムラ）があるのが「エントロピーが減少した状態」、その濃淡が均《なら》されているのが「エントロピーが増大した状態」ですね。

たとえば熱いコーヒーは、ある程度時間が経過すると徐々に冷めていきます。これは大気の温度に近づく、つまり熱が高いほうから低いほうへと移動していくからですね。熱全体は時間とともに「均質化・平均化」する方向へ進んでいく。これが「熱力学第二法則＝エントロピー増大則」として知られる物理法則です。冷めたコーヒーを再び熱くするには、外からエネルギーを加えなくてはなりません。

高井　生命活動は外界とエネルギーや物資を交換しているので、一見エントロピー増大則に反しているように見えますよね。

山岸　それは反しているように見えているだけです。実際、生物の体内では毎日のように細胞が壊れています。また、老化とともに遺伝子の複製にもエラーが多くなるなど、確実にエントロピー増大則に則った現象が起こっています。しかし、生きている生命体は自由エネルギーを使って身体の構造を保ち、生体内のエントロピー増大を防いでいるのです。

では、なぜそのようなシステムができ上がったのか。それを説明するのはすごく難しく、今わかっていることは「実際、そうしたシステムを持つ生物が増えていった」という事実だけです。

生物は特別な存在ではない

高井　私は「生命の誕生は必然」派なので、生命の誕生はもちろん、それが持続していく仕組みも、物理学の範疇で説明しえるべきだと考えます。それは地球に限定した話ではなく、地球外生命の誕生も物理法則で説明できるはずです。

シュレーディンガーが言ったように、ある系の中でエントロピーが増大したとしても、局所的に見れば別の場所ではエントロピーが減少しています。それが様々なスケールで起きていて、その一例が生物だということです。だから、生命の存在は物理法則にまったく反していません。

山岸　ただ、物理学では地球生命の誕生すら、まだ説明できていませんよね。たとえば、「地球は広い宇宙の中で特別な存在ではなく、単なる一惑星にすぎない」ということを、我々はすでに知っています。かつて夜空を見上げては星と星とを線で結び、そこに神話の神々や動物の姿形を想像していた人類が、今や科学技術の進歩により、宇宙には数千億個もの銀河が存在するということまで理解するに至りました。

その一方で、現在の生物学者は遺伝子ばかりを追いかけていて、本質的なことはまだほとんど解明できていません。地球以外の場所で生命が誕生したかどうかを物理学・生物学で説明できるのは、まだ先ですね。

高井　確かに、生物の仕組みは非常に複雑で、我々の想像の範疇を超えるものではあります。しかし、生物をもっとトータルに捉えれば、シンプルであるという見方もできるはずです。だから、生物学者といったごく狭い研究者だけでなく、理系・文系問わず幅広い分野の方々に興味を持っていただき、この分野に参入してほしいと私は強く願っています。

第4章　生命の材料は宇宙からやってきた

乾燥なくして生命は誕生しない

山岸　生命が誕生するにはエネルギーが必要なのと同時に、材料となる有機物の濃度が極めて重要になってきます。常に材料の濃度が十分に高くなっていないと、反応が継続的に起こらないからです。第1章で述べましたが、この濃縮を最も簡単に行う方法が乾燥です。だから、生命の材料が濃縮された場所となると、海底よりもむしろ乾燥した陸地のほうが適しています。ただ、初期の地球の表面は海で覆われていたので、ひょっとすると陸地はなかったという可能性も否定できないですね。

高井　それはよく言われていることで、初期の地球には陸地がほとんどなかったというのが一般的な考え方です。もちろんまったくなかったというわけではなくて、プレート活動自体は40億年前には起こっていたと考えられるので、島弧（大陸と大洋の境に位置する弧状列島）やホットスポットのようにマグマの供給があった場所では、火山島のような小さな陸地はあったとされています。

しかし、現在のような地球の表面積の約3割を占めるくらい広大な陸地はなかったはずです。その一方で、40億年前には現在と変わらないほどの大陸地殻が、すでに形成されていたと考える研究者もいます。

山岸　ともかく初期の地球では、陸地の面積は現在の3％ほどと、それほど多くなかったと考えられているのは確かですね。ただ、地球ができてから早ければ1億年、遅くとも数億年で大陸は誕生しています。乾燥した場所さえあれば、そこで脱水縮合反応が起こります。

高井　その脱水縮合反応によって、多数の分子が結合して、高分子化が起こったというわけですね。我々の体は細胞の中の水に溶けている成分だけでなく、構造を支える固体材料からもできているから、高分子化というのは絶対に不可欠です。それによって複雑な構造が生まれ、様々な機能を担えるようになります。

山岸　その高分子化に必要となってくるのが遺伝情報です。「何をどういう順番でつなげるのか」というところには、必ず情報が存在します。そうした情報が共有されて初めて、個体がつくられるというわけです。脱水縮合反応によってアミノ酸などの低分子同士をつなげる高分子化を行うには、水のない環境のほうがはるかに有利なのは間違いありません。

高井　確かに海の中では乾燥しないので脱水縮合反応は起こりにくいですが、それを克服する方法もあります。たとえば、細胞内の物質が「水と油」のように分離する現象を「相分離」と言いますが、チムニー内で原始細胞的な役割を果たす小さな孔の中でも、長い目で見ると物質が拡散して薄まったり、局所的に濃縮したりすることが起こりうるのです。そうした部分で、脱水縮合のような特殊な反応が進む可能性が考えられます。

隕石の衝突がRNAを生んだ?

山岸　RNA生命が最初に自己複製を始めた瞬間に、「この形をつくるのは、こういう並び順だ」という情報がつくられたはずです。情報があるからこそ、同じものを複製することができ、その情報を次世代に伝えるという形でダーウィン進化が始まりました。

高井　その最初のRNA生命は、どのようにしてつくられたと考えますか。

山岸　近年、「隕石が衝突した跡であるクレーターの中で、RNAが生成されるような反応が進行しうる」という可能性が示されました。イギリス・ケンブリッジにあるMRC分子生物学研究所の化学者ジョン・サザーランドのグループが、生命が誕生する前の地球に隕石が衝突した状態を想定した実験を行い、DNAやRNAの素となるヌクレオチドの生成に成功しました。厳密に言うと、隕石が持ち込んだ鉄やニッケル、それと約40億年前の地球に存在していたと考えられるグリコールアルデヒドやシアン化合物が反応して、RNAを構成するヌクレオチドのシトシンとウラシルが生成されたのです。

また、東北大学の古川善博先生などのチームは、まず浅い海の粘土の中に材料となる物質が集まり、その場所が乾燥してデスバレーのような塩が析出するときに、ヌクレオチドが生成されたのではないかと考えています。まだまだいろいろな可能性が考えられますが、共通しているのは乾燥する陸上でRNAがつくられたということです。

生命が火星で生まれた可能性

山岸　次に、エネルギーの観点から「火星で生命が誕生する可能性」について考察してみましょう。

高井　原始火星の環境は原始地球に比べて酸化的だったと言われていますね。「火星が酸化的だった」というのは、たとえば酸素や硝酸、硫酸、二酸化炭素のような、電子を受け取りやすい酸化剤（酸化性物質）が豊富に存在したということを意味しています。

山岸　ちなみに、有機物は非常に還元的な物質ですね。

高井　化学合成エネルギーの大きさとは、還元性物質が酸化反応によって電子を失うときに生じるエネルギーと、酸化剤が還元反応によって電子を受け取るために必要なエネルギー差のことです。この差分がプラスであれば発熱反応で、自発的に進行する反応になります。一方、この差分がマイナスであれば吸熱反応で、この場合なんらかのエネルギーが外から供給されない限り、反応は進行しません。

滝をイメージすればわかることですが、水は高いところから低いところにしか流れません。それになぞらえるなら、生物が利用できる化学合成反応というのは発熱反応です。つまり熱を発生する代わりに、生物が利用できるATPのようなエネルギー通貨を生産することで、エネルギーを獲得しているのです。

そして、無機物や有機物を含めたあらゆる物質は酸化還元電位といって、物質の電子の放出しやすさ、あるいは電子の受け取りやすさが決まっています。滝の例で言えば、還元性物質が滝の上流の標高、酸化性物質が滝壺の標高で、その標高差が化学合成エネルギーの大きさと考えるとわかりやすいでしょう。

水素と二酸化炭素の酸化還元反応と、水素と酸素の酸化還元反応から得られる熱エネルギーには3倍くらいの差があります。だから、水素と二酸化炭素の酸化還元反応の落差が仮に5メートルだとすると、水素と酸素の酸化還元反応の落差は15メートルくらいになるのです。

カリフォルニア工科大学教授で地質学者のジョセフ・カーシュヴィンクは、「約40億年前の地球には還元性物質は豊富でも、酸化剤の量と種類が少なかったので『滝の落差』が小さかった。むしろ火星のほうが、還元性物質の量は少なかったかもしれないが、地球よりも強力な酸化剤が豊富に存在していたため、落差の大きな滝があったに違いない」と言っています。つまり、生命が利用可能なエネルギー量は、地球よりも火星のほうが多かったというのですね。それは確かにそうかもしれないと思います。

山岸　ただ、初期の火星については、よくわかっていないところが多いですよね。たとえば、現在の火星の表面自体は極めて酸化的ですが、10センチも掘ると硫化鉄があったり、メタンが出てきたりと、むしろ地下は還元的だということがわかっています。そういう意味では、微妙な違いはあるかもしれないけれど、私は火星と地球は基本的には同じだったのかなと思うわけです。

高井　いや、地球と火星では惑星の質量が違います。原始地球や原始火星の時代は、ドロドロに溶けたマグマの海が惑星の表面を覆っていました。これは、微惑星の衝突によって、惑星表面の温度が上昇したからです。マグマオーシャン化した後に、惑星の表層に形成された岩石の種類（質）が異なっていったのは、地球と火星とで質量が違っていたからだと考えられています。したがって、惑星の表層環境を平均的に見れば、明らかに火星のほうが酸化的だったわけです。

山岸　それは、地球のマントルや地殻に比べてということですよね。

高井　はい。もちろん、まだ火星の岩石が採取されて、きちんと調べられたわけではないので、あくまで推定にすぎません。しかし、隕石や火星の表層を観察分析した結果からは、火星の地殻を形成している玄武岩や安山岩のマグマは、地球に広く存在し海洋地殻を形成している玄武岩のマグマよりも酸化的だったと考えられています。

約40億年前の地球と火星に同じような海洋があり、深海熱水活動域が存在したと仮定しましょう。その場合、地球の深海熱水活動域では、比較的高濃度の水素を含む熱水がつくられやすいのに対して、火星の深海熱水活動域では水素はほとんど存在せず、硫化水素や硫黄、あるいは硫酸のような物質が豊富だったと考えられます。

生命誕生の鍵を握るエネルギー落差

高井　エネルギー代謝の話をすると、先ほど説明したように、化学物質はそれぞれ酸化還元反応において「位置エネルギー」にたとえられる酸化還元電位を持っています。水素や有機物は大きな位置エネルギー、すなわち還元的な電位を持っているので、落ちたときにスピードが出やすい。つまり生み出すエネルギーが大きいのです。

山岸　水力発電みたいなものですね。

高井　そうです。酸化的だった火星の熱水の主成分である硫化水素は、水素よりも位置エネルギーは小さいのですが、酸化剤が豊富であったので「落ちるべき場所がより低い」と考えることができます。そのため、落差であるエネルギーポテンシャルは大きかったと考えられるのです。

山岸　生命の誕生にはエネルギーの落差、つまりエネルギーポテンシャルが大きな鍵を握っているということですが、トータルのエネルギー量も重要になってきますね。

高井　そうですね。たとえば、落差の異なる2種類の滝があって、そこで滝に打たれる修行をするとしましょう。落ちてくる水から受ける苦痛をエネルギーとします（笑）。落差だけを見れば、落差の大きな滝のほうがきつそうですが、実は苦痛の大きさには、落差だけでなく水量も関わってきます。つまり水素や硫化水素や酸素の濃度も、トータルのエネルギー量に大きな影響を及ぼすということです。

加えて、滝がいくつあるのか、つまりどれだけたくさん酸化還元反応を繰り返し行うことができるかということも、トータルのエネルギー量に影響を及ぼします。これは、先ほどの地球と火星の環境の話で言えば、どれだけ長期にわたって安定的に還元性物質と酸化剤が供給されるかということに関わってきます。「生命の誕生や存続には、長期にわたって安定的に利用可能なエネルギーの量が大事」ということです。

山岸　水力発電でパイプを太くしたり、数を増やしたりする感じですね。

高井　確かにそうですね。もっとも、実際に今の地球の生物を見ると、生命が生き続けるのに、それほど大きなエネルギーの落差は必要ありません。砂漠や南極、海の底などエネルギーの少ない場所での生命研究の結果から、ほとんど落差がないような環境でも生存できることがわかっています。

山岸　ただ、エネルギーの落差がまったくない場所では、生きられませんよね。

高井　ダメです。落差がない、すなわち化学的あるいはエネルギー的に平衡状態にある環境というのは、エネルギーポテンシャルがゼロの状態ですから。

生命の材料は地球産か

山岸　ここからは、「生命の材料」である有機物について検討していきましょう。

高井　そもそも生命の誕生時に使われた材料である有機物は、ほとんどが地球由来のものだったというのが私の考えです。少なくとも、地球最初の生命が生まれた段階では、宇宙から飛来した有機物は量的にはほとんど寄与していなかったと思われます。

「有機物は宇宙からどれくらいの量がやってくるのか。一方、地球ではどれくらいの量がつくられているか」を算出した研究例はいくつかあります。ただその数値にはかなり幅があり、たとえば彗星からもたらされる有機物の総量は地球で生成される有機物の総量より一桁多いという見積もりもあります。しかし、宇宙由来の有機物の量の見積もりには不確定な部分が多く、過大評価されているという指摘も少なくありません。

山岸　第1章でも述べましたが、横浜国立大学の小林憲正先生が提唱されているように、宇宙から飛来する有機物は基本的に「ガラクタ」ばかりという問題もありますね。

高井　おっしゃる通り、水に溶けない石炭やタールみたいなものが大部分です。また、窒素は原始地球における生命活動に必須の元素ですが、その窒素の供給源であるアンモニアの供給量を推定したところ、面白いことがわかりました。

山岸　アンモニアは、アミノ酸や核酸塩基の効率的な生成に必須である窒素化合物の一種ですよね。生物の体内では、アンモニアなどの簡単な窒素化合物を吸収して、アミノ酸やタンパク質などを合成する「窒素同化」と呼ばれる化学反応が行われています。

高井　そのアンモニアの供給量を推定したところ、宇宙から供給される量よりも、地球の大気中での放電（雷）でつくられた窒素酸化物（NO_X）が原始海洋に供給され、それが深海熱水活動域の高温高圧反応や電気化学反応で還元される量のほうがはるかに多いのではないかということがわかってきました。

　また、地球史を通じて地質記録に残されている有機物に含まれた窒素の安定同位体比の変化に着目すると、地球の有機物内の窒素はすべて大気中の窒素に由来するものであると考えられます。

山岸　安定同位体とは、同位体のうち放射線を放出しないものですね。質量数が1の水素と2の重水素や、質量数が12と13の炭素、質量数が14と15の窒素などがあります。

高井　実は、宇宙由来の有機物の炭素や窒素の安定同位体比は、隕石の分析や望遠鏡による観測によって測定されています。宇宙空間で直接回収された試料の分析はほとんど行われていないので確実ではありませんが、たとえば太陽系の小惑星帯の有機物や、地球の外側の宇宙空間に存在する有機物の窒素安定同位体比は、地球の大気中の窒素ガスの安定同位体比よりも質量数15の窒素の比率がずっと高いと考えられています。

宇宙起源の有機物は必要ない？

高井　約40億年前の地球に供給された宇宙起源の有機物は、地球や火星、小惑星帯の軌道上とその付近にあった宇宙塵や隕石によってもたらされたものより、彗星からもたらされたもののほうがはるかに多かったと推定されています。

山岸　彗星に含まれる有機物の窒素は、地球の大気中の窒素ガスと比べて、質量数15の窒素の割合がはるかに高いと考えられていますね。

高井　だから、もし地球最初の生命や生態系が、そうした宇宙起源の有機物を使っていたのなら、その最初の生命や生態系を構成する有機物の安定同位体比もメチャクチャ高かったはずです。ところが、39億5０００万年前の地球最古の有機物の窒素安定同位体比は普通の値でした。

山岸　地球の地質記録には、彗星起源の有機物を使った生物の痕跡は見つかっていないということですか。

高井　かつて私は「最古の生命は、宇宙由来の材料を使っている説」に立っていたのですが、研究グループの同僚からその解釈を聞いたとき、「あっ、宇宙起源の窒素は使わないんだ」と目から鱗《うろこ》が落ちる思いがしました。もちろん、「彗星の有機物の窒素の安定同位体比は、実は高くない」とか「最初の生命や生態系が宇宙起源の有機物を使っていたとしても、徐々に地球起源の有機物に入れ替わるから記録に残らない」とかいろいろ反論はあるのですが、直感として宇宙起源の有機物はほとんど使われていないという感覚を持ったのです。

だからといって、「宇宙起源の有機物は、生命の誕生にまったく役に立っていない」と言うつもりはありません。地球で生成されにくい宇宙起源の有機物が生命の誕生に重要な役割を果たした可能性は大いにあります。さらに地球以外の天体では、宇宙からもたらされた有機物が重要な役割を果たした可能性もあります。

JAMSTECの考える生命モデル

高井　たとえば、土星の衛星であるエンケラドスや、木星の衛星であるエウロパに生命が存在したとすれば、これらの氷衛星には大気がほとんどないので、大気中での光化学反応や放電反応、あるいは宇宙線による化学反応や隕石衝突の衝撃波による反応は起きないと仮定できるでしょう。そうなると、有機物の自給率が低くなり、相対的に宇宙起源の有機物が重要になってくると考えられます。

山岸　地球の生命の話をするのか、それとも宇宙の生命の話をするのかによって、説明はだいぶ変わってきますね。

高井　とはいえ、「自分で自分の体をつくらないと持続的な生命には至らない」というのが、私たちJAMSTECの考える生命モデルです。宇宙起源の有機物は無秩序につくられたため、地球では未使用のままマントルに消えていった。地球起源の有機物はそんなに複雑なものはできませんが、その単純な有機物と無機物からつくられるべくしてつくられた有機物が地球の生命の誕生を支えた。そのような「地産地消説」を唱えています。

山岸　ただ、実際に宇宙からたくさんの有機物が、地球へ飛来してきていますよ。

高井　宇宙には有機物がたくさん存在していますが、そのほとんどは食えません。ここで言う「食える」というのは、可溶性つまり水に溶けるということと、なんらかの加水分解によって、脂肪酸やアミノ酸、核酸塩基、またごく微量だけれども糖といった生命の材料や餌となる有機物がつくられることを意味します。

　ところが、宇宙に存在する有機物は、石炭やタール、アスファルトのようなものばかりで、それらを栄養にするのは微生物ですら極めて困難です。「食べづらい」くらいだったらまだいいのですが、まったく「食えない」のではないかと思います。やはり地球の生物には、母なる地球でつくられたホームメイドの有機物のほうが、「おいしい」のではないでしょうか。

山岸　そうは言っても、炭素、水素、窒素などの元素はそもそも宇宙起源ですよね。

高井　元素自体はそうですね。

山岸　窒素はアミノ酸として、ずっと宇宙から大量に飛来しています。実際、今までに隕石の中から70種類ぐらいのアミノ酸と10種類以上の核酸塩基、膜の材料として重要な脂肪酸が見つかりました。

ミラーの実験は間違っていた？

高井　１９５３年、アメリカの化学者スタンリー・ミラーは、原始地球の大気の成分を模した気体に高圧電流を放電して、アミノ酸を合成することに成功しました。つまり「原始地球において、雷でアミノ酸がつくられた」ことを実証したわけです。しかし現在では、この実験結果は否定されています。なぜなら、原始地球の大気組成では、アミノ酸は生成されないことがわかったからです。

山岸　ミラーが実験を行っていた１９５３年頃に考えられていた原始地球の大気は、メタ

ミラーの実験

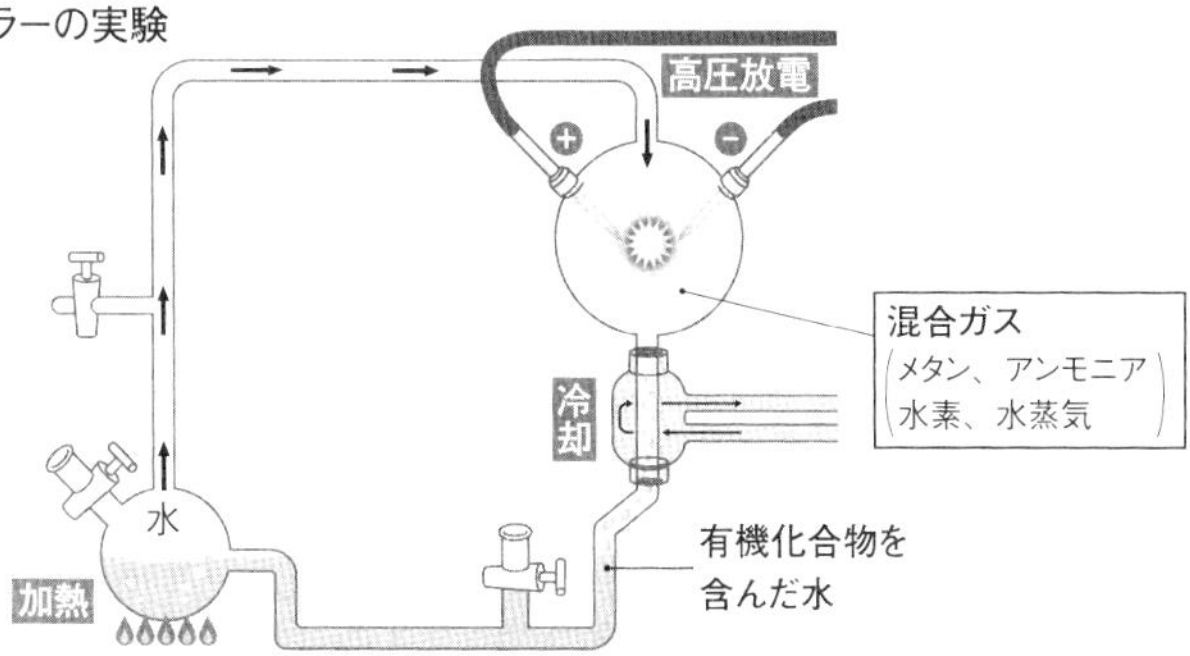

1953年にスタンリー・ミラーが行った、原始生命の化学進化に関する実験。原始地球の環境で、有機物（アミノ酸）が生成された可能性を示したが、現在この実験結果は再検討されている。

ンやアンモニア、水素、水を含む「強還元型」でした。しかし、まだはっきりとはわかっていませんが、原始地球の大気は二酸化炭素、窒素、それに一酸化炭素やメタンをわずかに含む「弱還元型」だったと、現在では考えられているのです。

「強還元型」の気体とは、窒素や炭素に水素がたくさん結合している状態を言います。反対に酸化的とは、酸素がたくさん結合した状態で、その中間が弱還元型です。弱還元型の大気に、アンモニアは存在しません。

高井　つまり、原始地球の大気には、アミノ酸の生成に必須の窒素化合物であるアンモニアが存在していなかったということですね。

山岸　そうなると、いくら大気中で放電を行っても、アミノ酸が生成されることはありません。このように、地球上で有機物をつくるのはけっこう難しいわけです。だから、「生命の材料となる有機物は宇宙からやってきた」と考えない限り、生命が誕生するのは厳しいと思います。

ただ、これは原始地球の環境がどうだったかという条件に依拠しているので、新しい発見があれば、定説が再び覆る可能性はあるでしょう。まあ、高井先生が言うように、深海の熱水噴出孔で有機物は大量につくることができるということになったら、地産地消になりますが、現状ではまだその方法は見つかっていません。地球でまったくできなかったとは思いませんが、やはり現時点では、有機物は宇宙由来だと考えざるをえないでしょう。

現在でも宇宙塵という非常に小さな粒子が年間数万トン地球に降り注いでいますが、その中の1～数%は有機物です。その量は過去にさかのぼるにつれて、指数関数的に増えていくはずなので、生命が誕生した約40億年前には、非常にたくさんの有機物が降り注いでいたと推測できます。

高井　およそ40億年前の地球では、軌道周辺にある小さな塵や塊をどんどん集積する作用が働いていたので、隕石にしても宇宙塵にしても、現在のおよそ1000倍が地球に降り注いでいたと言われています。それを考えると、確かに有機物もたくさん地球に供給されていたと推定できますね。

宇宙産の有機物も、それなりにおいしい

山岸　先ほど高井先生は「宇宙の有機物は食えない」と言いましたが、私は宇宙線などに長く曝されなければ、おそらく食えるのだと思います。宇宙で生成された有機物はそれなりにおいしい。ただ、それらが宇宙を漂っている間に、宇宙風化といって石炭やタールになってしまう。だから、地球に到来するまでにどれくらいタールになったかで、おいしさは決まってくるわけです。

高井　山岸先生のグループでは、地球の上空400キロにある国際宇宙ステーション（ISS）の「きぼう」日本実験棟で、宇宙に漂う微生物や有機物を探したり、宇宙空間で生物が生きられるかを調べたりする「たんぽぽ計画」を行っていますね。

山岸　「宇宙に生命の種が漂っている」という「パンスペルミア仮説」が、「タンポポが綿毛で種子を飛ばす」イメージと重なることから、たんぽぽ計画と名付けました。「パン」はすべて、「スペルミア」は胞子や種子の意味で、宇宙空間には胞子が漂っているという説です。2015年4月に実験装置をISSに運び込み、同年5月からそこに捕集装置を

設置しました。宇宙に漂う微生物を捕まえる実験などを行い、現在分析をしているところです。

高分子有機物を宇宙空間に曝露し、地球に来るまでの間に「おいしい有機物がどれくらいまずくなるのか」を調べるのも、たんぽぽ計画の重要なテーマです。私は「高分子有機物はけっこう安定的なのではないか」と考えているので、食べられるような有機物が、それなりにたくさん地球に届いたのではないかとみています。

高井　実験で1〜3年間、宇宙空間に曝露した曝露パネルおよび捕集パネルが、すでに地上へ帰還しているのですよね。分析の進捗状況はいかがでしょうか。

山岸　宇宙に1年間曝露した有機物の分析は終わって、アミノ酸などの有機化合物は数十％が「おいしい」ままで残っていました。予想通りですね。微生物も1年間真空で紫外線や放射線を浴びても生きていました。つまり、宇宙空間をそこそこ移動できるということです。

宇宙から飛んでくる宇宙塵を捕まえる実験でも、粒子の衝突した痕跡が300以上見つかっています。その中に、宇宙由来の粒子も見つかり、これから宇宙塵中の有機物やアミノ酸の分析を行おうとしている段階です。もう少しで、いろいろわかってくると思います。

110

「たんぽぽ計画」とは

2015年5月から、国際宇宙ステーション(ISS)の「きぼう」日本実験棟で行われている「アストロバイオロジー」実験。

実験の主な目的

①宇宙空間を漂う微粒子を捕集し、微生物や有機物の存在を調べる。
②地球の微生物の宇宙空間での曝露実験。
③地球の有機物の起源を調べる。

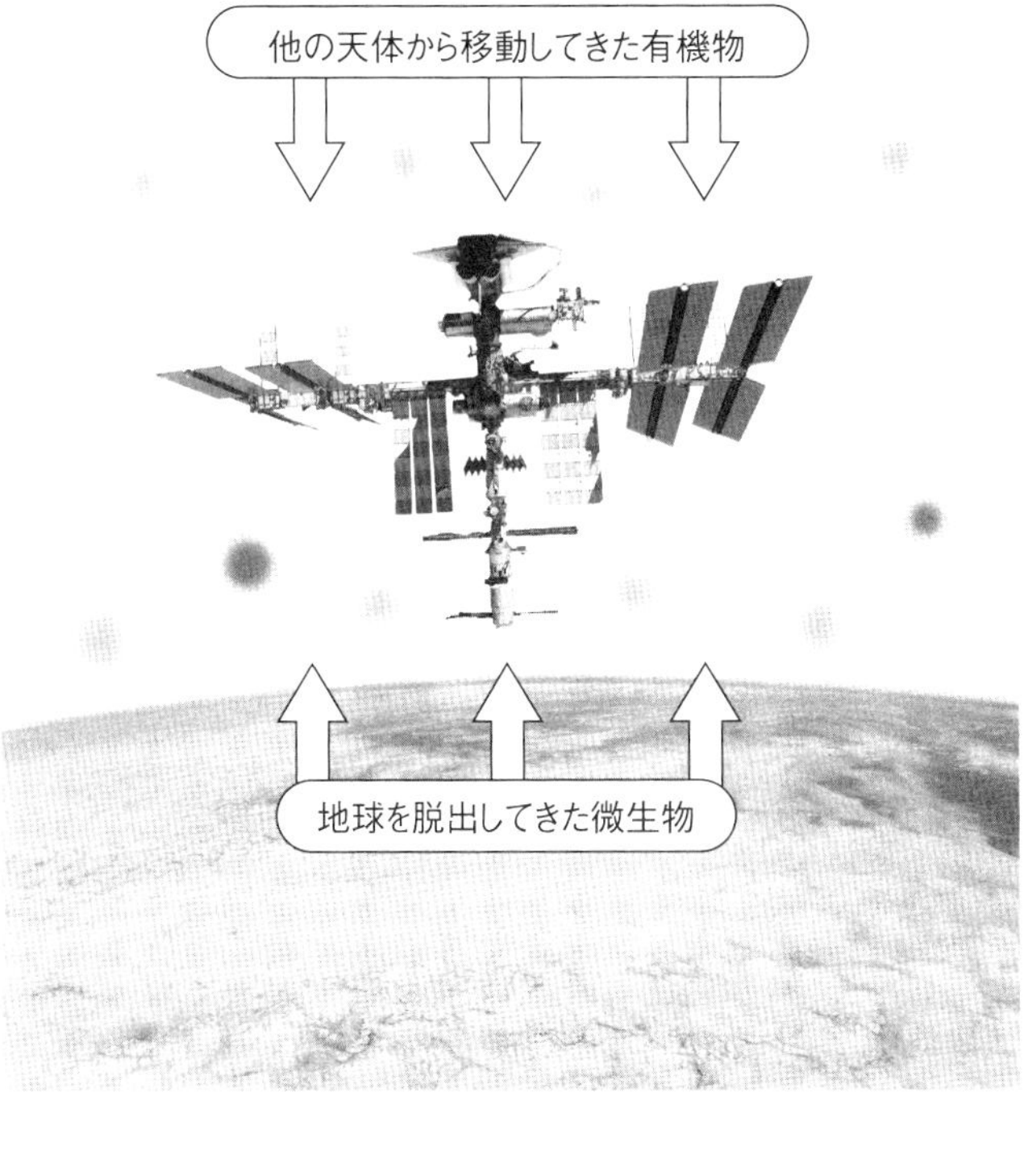

そして、2019年からは新たなアストロバイオロジー宇宙実験、「たんぽぽ2計画」も始まりました。「たんぽぽ2計画」では、試料を曝露する際に用いる基板にシリコンを使うなどの工夫を行い、宇宙空間に直接曝露できるようにしています。

原始地球と有機物

高井　先ほど山岸先生がおっしゃったように、ミラーの実験自体は「原始地球の弱還元型の大気中では、有機物は生成されない」と、現在では否定されています。しかし最近、「原始地球の大気には一酸化炭素がかなり多く含まれていた」ということが指摘されました。

大気中に一酸化炭素が含まれていれば条件は劇的に変わり、紫外線が当たることで単純な有機物であるギ酸と酢酸までは、大気中でガンガンつくられる可能性があるというのです。そうなると、地球最初の生物の材料が供給された場所は深海の熱水活動域だけではなくなります。

山岸　一酸化炭素の場合、紫外線ではダメじゃないですか？

高井　実際、1951年に行われた世界最初の非生物学的な有機物の合成実験では、原始海洋の表面で、紫外線によってギ酸やホルムアルデヒドなどが生成されることが示されました。まだ論文は出ていませんが、我々の最新の室内実験の結果からも、紫外線の照射や放電によって、原始地球の弱還元型大気からギ酸や酢酸が効率よく生成されることがわかってきています。

山岸　ということは、有機物は必ずしも宇宙から持ち込まれる必要はなく、原始大気と海洋の表面で、単純ではあるものの多様な有機物ができて、海洋に蓄積したということでしょうか。

高井　そのような原始大気からつくられて、海洋に蓄積した有機物に加え、深海の熱水活動域で生じた電気を利用した有機物の生成反応が見つかりました。生成効率が高いことも確認されています。ただ、紫外線や放電では窒素を含む有機物の合成や変換は、あまり起きなかったとも思われます。

さらに、深海の熱水活動域での有機物生成では、海洋中の硝酸や熱水中のアンモニアを利用することにより、窒素を含む有機物の合成が可能であることもわかってきました。加えて、タンパク質である酵素がなくても、我々の生物に共通する代謝が深海熱水活動域で起きることもわかってきています。

山岸　しかし、RNAが深海でつくられることはありえないですよね。

高井　確かに、RNAや脂質といった生命の材料は「海の中では生成できない」と、今までは考えられていました。ただ、地球で生成された有機物を基に、酵素を必要としない原始的な代謝系が誕生することを示すことができれば、「海の中でも生命の材料は生成できる」ことを証明できるのではないかと思います。

山岸　それを誰かがしっかり実験して「できる」というデータを見せてくれたらいいのですが、まだ先は長そうですね。

高井　実際はどんどん論文が出始めていますので、それほど先のことではないと思います。

第5章　ＲＮＡワールドはあった？ なかった？

ダーウィンの「陸上の小さな水たまり」

高井　そもそも「地球最初の生命の材料は、どこから来たのか」という問いは、従来の「生命の起源」研究の歴史的背景にものすごく影響されているような気がします。第1章で述べましたように、「料理をつくるなら、とにかくキッチンに全部材料を揃えてください」という見解についてですが、やはり私は「すべての材料を用意する必要はない」と言いたいですね。

山岸　それでも、地球最初の生命が、化学合成のような複雑なシステムを持っていたとは思えませんね。それならば、オパーリンの言うように「生命は非生物的な有機物の濃縮されたスープから自然発生した」と考えたほうが、可能性としては高いはずです。ただし、材料の量はそれほど多くなくてもいいでしょう。

高井　オパーリンの有機物のスープは本来、海洋全体のことを指していたと思うのですが、それが、いつの頃からかダーウィンが1871年に唱えた「陸上の小さな水たまり」といったイメージで捉えられるようになってきましたよね。「地球上にちっぽけな有機物スープがあれば、生命は誕生する」という、非常にかすかな望みにかけているわけです。

山岸　確率の問題ですからね。生命が誕生するまで何度でも試行錯誤を繰り返せますし、そのときに試すのは、わずかな量があれば問題ありません。

高井　それって、「グローバルじゃなくてもいい。ローカルで十分」という話ですよね。そこが、私と山岸先生の根本的な立場の違いと言えます。そんな「わずかな場所と量から、生命現象がグローバル化した」なんてことはまずありえません。それだと、極小の地域から地球全土へと広がっていったことになりますが、「だったら、広げてごらんよ」と言いたいですね。

山岸　いや、簡単に広がりますよ。

高井　広がるわけがありません。たとえば、砂漠に1ミリリットルの微生物を撒いても増えることはないし、溶岩が噴出した直後の岩石の焼けただれた場所に普通の微生物を撒いても、ほとんど何も起こりません。

山岸　ベースとなる状況が違います。砂漠や溶岩の上ではダメですが、温泉のような池だったら生命が誕生・増殖する可能性はあるでしょう。温泉なんて地球上の、それこそ日本の至るところにあるわけですから。

高井　第4章でも言いましたが、その時代に、そもそも陸地はほとんどなかったと考えられています。あったとしても、すぐに海に沈むか削られてなくなりました。

初期の地球に大陸は存在したか

山岸　誕生して間もない頃の地球に大陸があったかどうかの見解は、科学者によって大きく異なります。ただ、少なくとも約45億年前には、地球の大陸地殻が一度できていたと言われています。

高井　それは、大陸地殻じゃなくて、大陸地殻を構成するような岩石ができただけですよ。

山岸　いや、大陸地殻が大量になければ、およそ44億年前に生成されたジルコンが現在まで残っているなんてことはありえません。

高井　地球最古の岩石鉱物ですね。ジルコンはほとんどの岩石に含まれていて、年代測定などに利用されています。地球史の最初の約6億年間（冥王代）については、かつてはほとんど解明が進んでいませんでした。なぜなら、この時代の岩石記録が見つかっていなかったからです。それまでに見つかっていた最古の岩石は、カナダ北西部のアカスタ地域に見られる約40億年前の片麻岩《へんまがん》でした。

山岸　ところが、それよりも古い地殻物質として、西オーストラリアの堆積岩から、およそ44億年前に結晶化したと考えられるジルコンが、２００１年に見つかりました。ケイ酸塩鉱物であるジルコンは非常に硬く化学的に不活性であるため、浸食・運搬・続成作用（堆

NASAの衛星が撮影したオーストラリアのジャックヒルズの画像。地球最古の地殻とされ、およそ44億年前のジルコン粒子が見つかった。

積物が固化して堆積岩になるまでの過程）を経てもマグマから結晶化した当時の情報を保持できます。

このジルコンが生成されるためには、まず海が必要となります。海の水が地球の深部に取り込まれて花崗岩が生成する過程で、ジルコンがつくられるからです。

高井　地球の誕生は約46億年前って言うけれど、地球が冷えて海ができ始めるのが、およそ43億～40億年前です。

山岸　後期重爆撃期が約41億～38億年前まで続くので、それまでに生命が誕生しても、おそらく死んでしまいますよね。

高井　そうそう。リセットされてしまう。

山岸　ただ、第1章でも話しましたが、グリーンランドのイスア地域にある約38億5000万年前の岩石から、生命の痕跡と見られる化石が見つかっていますからね。東北大学とコペンハーゲン大学が、イスア地域の地質調査を行ったところ、炭素からなるグラファイトを多く含む約38億5000万年前の岩石を発見しました。岩石中の炭素を分析したところ、現在の生物が持つのと同じ炭素同位体組成や、生物を構成する炭素に特徴的に表れるナノレベルの組織が見つかっています。

この炭素は、約38億5000万年前の海に生息していた微生物の断片だと結論づけられました。その結果、地球最初の生命は約40億〜38億年前までの間に誕生したと考えられるようになったわけです。そうなると、おそらくその時代に大陸はもうできていたと思われます。

高井　しかし、大陸があったという証拠はない。

山岸　数少ない例ですが、カナダ北西部のアカスタ地域に、およそ40億年前の片麻岩が残っています。

高井　大陸地殻は相対的に非常に軽くて、一度できると海洋地殻の上に浮いてきます。だから、大規模な大陸地殻ができて大陸が形成されると、地球表面に残ってしまうのです。むしろ、いったんできた大陸を沈めるほうが難しいでしょう。

もちろん、プレートが大陸をマントル内で下から削る作用があることが知られており、それを想定することはできます。しかし、もし太古に結構な大きさの大陸があったとしたら、浮いたまま沈まないので、現在も残っているはずです。しかし実際には、それらは残っていません。

また、もし仮に大陸地殻の岩石が結構あったとしても、当時の陸というのは、海の中に点在する小笠原諸島の西之島新島みたいなものだったのではないかと思います。

山岸　そこは同意見で、私もその時代の陸地は極めて少なかったと思っています。しかし、たとえば現在の地球の陸地は約1・47億平方キロですが、その1％の陸地しかなかったとしても約147万平方キロです。オーストラリア大陸の面積769万平方キロの5分の1はあることになります。

しかも、大陸地殻を構成する花崗岩はマグマの地熱活動でできるのですから、火山も当然あったはずです。当時の地球内部の温度は現在よりもはるかに高かったので、火山活動が盛んに起きていたでしょうから、生命誕生の場としての条件を十分備えています。

大陸地殻に隕石がヒットする確率

高井　海に点在する島のような陸を想定するならば、「太古に隕石が大陸に当たって生まれたクレーターに、都合よく宇宙の有機物が濃縮される池ができ、そこに生命が誕生した」なんて仮説はまずありえないと思いますよ。隕石はほとんどが海に落ちるはずじゃないですか。

山岸　そこは確率の問題です。ゼロではありません。

高井　隕石が何個落ちてきたって、その頃の地球は基本的に海ばかりでしたよ。

山岸　およそ40億年より少し前の地球には、地表がドロドロに溶けるぐらいの小天体が何度もぶつかっていましたが、そもそも宇宙の天体というのは、0・1マイクロメートルほどの砂粒のような小さいものがほとんどです。「小さい粒が、集まっては壊れる」という過程を繰り返しながら、隕石はだんだん大きくなります。だから小さい隕石ほど数が多くなるわけです。そうなると、10分の1の大きさの隕石なら数が10倍になるので衝突の確率も10倍、100分の1の隕石なら100倍に増えていくはずです。だから確率論的にはいつかは衝突します。

数メートルほどの大きさのクレーターがあれば、生命の誕生には十分です。それくらいの大きさのクレーターをつくることができる隕石なら、かなりの頻度で衝突していたと思われます。

高井　でも、小さな陸地に衝突したら、すぐに消えて海になってしまうのではないですか。

山岸　それは大きさにもよります。

高井　小さな陸地にちょうどいい大きさの隕石が衝突するなんて、そんな都合のいいことが本当に起こりますか？

山岸　逆ですね。大きなものほど数が少ないので、当たる確率も小さくなります。でも、そんなに大きな隕石が衝突していたのは、およそ40億年前までですよ。そうでなかったら、約40億年前に生命が誕生していたはずがありません。だから小さな隕石が大陸にぶつかるほうが、確率としては高いわけです。理論的には正しいでしょ？

高井　それはそうですが……。しかし、「小さな隕石が、西之島新島みたいな小島にポチンと都合よく当たって、しかもちょうどいいエネルギーと、ちょうどいいクレーターをつくる」なんていう説を信じられるほど、私はオプティミストではありません。

山岸　もちろん確率は低いですが、先にも述べましたように、大陸は面積にしてオーストラリアの5分の1程度は存在していたでしょうし、時間も1億年はありました。あとは単なる試行回数の問題です。進化もそうですが、どんなに確率の低い同士の掛け算であっても、可能性はゼロではありません。

新しい発見は希望から生まれる

高井　山岸先生は、進化と起源を同様に扱い、確率の問題として捉えていますが、私は生命の起源にはある程度、必然性があると思っています。進化は偶然の要素が強いとしても、生命の誕生はある程度必然であってほしいですね。

山岸　「ほしい」では、科学としてダメですね。

高井　でも、私はそんな「確率の全然はっきりしていない適当な掛け算」が大嫌いなんです。もう完全に問題から逃げているとしか思えません。そうではなく、「海があって、こういうものがあれば、生命は必ず生まれます」ということを証明したい。

山岸　「したい」というのも、希望でしかありません。

高井　いや、希望でいいじゃないですか。サイエンスにおける新しい発見は希望から生まれるものです。

山岸　希望はサイエンスを促進するけれども、やはりファクト——事実に拠らなければなりません。結果が出ていないものについて考えることはできないので、結果が出たら改めて検討します。

高井　「生命の起源＝温泉説」だって結果は出ていないじゃないですか。大陸地殻の話だって、地質学者のもっともらしい言説を鵜呑みにして肯定しているだけですから。

山岸　その意見もわかります。だから、もし仮説が間違っていたとわかれば、当然、修正しなければなりません。それがサイエンスの基本です。だけど現在出されていて信頼できるデータを用いるのも、やはり基本ですよ。

高井　そもそも、私はそのデータが信頼できないわけです。たとえば、「当時の地球に降り注いでいた隕石が現在の1000倍」という数字は、かなり信頼できます。ただし、大陸地殻の堆積の時間的変遷を示したという「大陸地殻成長曲線」みたいな百家争鳴の原始地球における大陸形成の試算は信頼できない。

現段階では、その時代に結構な量の大陸があったとは思えません。これは最も穏当な解釈であって、やはり大陸がちゃんとできたのは、今から約25億年前以降だと考えられます。それより前にたくさん大陸があったという説は興味深いですが、まだまだ証拠が不十分だと言わざるをえません。

現在の地球では、陸地の面積がおよそ3割ですよね。地球の歴史を振り返ってみると、それでも多いほうです。地球の大陸は、時代を経てたくさん積み重なって増えてきました。だから、約40億〜38億年前の大陸の面積が、仮に今の10分の1程度だったとしましょう。それでも、地球の97%が海という計算になります。

山岸　だけど生命の痕跡が発見されたグリーンランドのイスア地域や、西オーストラリアのピルバラ地域はそれなりの広さがありましたよ。ピルバラ地域とは、約36億〜27億年前の地層が存在する場所です。1993年に地学者のビル・ショップが、「ピルバラ地域に広がる地層から、生物の微化石を発見した」という報告をしています。

高井　イスア地域は固結した海洋地殻と堆積物が乗り上げた付加体で、大陸地殻ではありません。付加体とは海洋プレートが大陸プレートの下に沈み込む際に、海洋プレートの上の堆積物がはぎ取られて陸側に付加したもののことです。また、ピルバラ地域に関しても解釈が2通りあって、海洋地殻と堆積物が付加したもの（大陸地殻ではない）という説と、花崗岩が入ってきているので、もともと陸だった（大陸地殻だった）という説があります。

山岸　じゃあ、いよいよ火星かな。地球の生命が誕生した場所は。「火星で生まれた生命が地球に飛来し、増殖した」という可能性は十分考えられます。火星には海が表面積の30%

程度ありましたが、残り70％は陸地でしたからね。

生物が火星から運ばれてきたとしたら

山岸　火星から生物が地球に運ばれてくる方法としては、「隕石の中に入ってきた」という可能性が高いですね。

高井　宇宙空間をそのまま飛んでくるのではダメなのですか。

山岸　それを今、たんぽぽ計画で試しています。0・5ミリくらいの微生物の塊で検証していますが、少なくとも生存に関しては問題ありません。ただ、火星から地球まで到達するのに、太陽の周りを何周もしてからくるので、平均すると数千万年はかかってしまうんですね。数千万年も宇宙を漂いながら生存するのは、無理だと思います。

高井　乾燥していたとしても難しいでしょうか？

山岸　数千万年になると、やはり紫外線と放射線が影響します。放射線耐性菌でも難しいですね。だけど最短距離だと、火星から地球へは1年くらいで到達できるので生身、つまり隕石の中に入っていなくても問題ありません。生存できます。

高井　生身のほうがたくさん飛びますよね、軽いですし。隕石は大気圏に突入したときに高温になるけれど、それでも隕石の中に入っていたら大丈夫だとよく聞きます。でも、もともと小さな粒として飛んできたら、大気との摩擦熱や圧縮熱もほとんど発生しないので、燃えませんよね。

山岸　ただ火星から移動するには、弾き出されなくてはなりません。そうなると火星にぶつかった隕石と一緒に、その衝撃で飛び出すというのが、可能性としては高いと思います。

他の可能性として考えられるのが、電場です。落雷の際にブルージェットやエルブス※と名付けられた奇妙な発光現象が、雷雲上空の高高度に出現することがあります。

空間中を漂う塵などは電荷を帯びることがあるので、そのような高高度放電発光現象によって微生物が宇宙空間へ放出されるという可能性が考えられるわけです。しかもブルージェットやエルブスは発生頻度が雷と同じくらい高い。そのような電場によって加速されれば、宇宙へ飛び出していくことができます。もしかしたら、火星でも同じことが起こった可能性がありますが、今のところ仮説でしかないので、現在検証しているところです。

遺伝情報を持たない生命

高井　第3章でも述べましたが、私は最近「生命に遺伝子という情報はいらないのではないか?」と思うようになりました。現在の地球の生命を考えると、もちろんDNAやRNAといった遺伝情報を保持する物質は必要です。だから、生命の起源を考えるときには、どこかの段階でそれを組み込まないといけないのもわかっています。だけど「DNAやRNAといった遺伝情報を持たない生命」が存在してもかまわない、とも思っている。

山岸　しかし、遺伝情報がなければ、自己複製できないので体を維持することができないし、同一の生物種集団が広がっていくこともありえないでしょう。

高井　そうなのですが、生命の条件を考えると、「それは別になくてもいいのでは」と思えるのです。しかも、その生命は一世代では終わりません。分裂を繰り返すので、世代は存在するわけです。最近のエピジェネティクスに関する成果を見ていると、つくづくそう感じます。

山岸　エピジェネティクスとは簡単に言うと、DNAの塩基配列は変わらないのに、表現型が変化することですよね。DNAの塩基配列はそのままなのに、遺伝子の発現パターン

※ブルージェット：高度約30～70キロ付近の成層圏で見られる放電・発光現象。エルブス：中間圏から熱圏にかけての地上約90～100キロ付近に発生する、リング状の発光現象。

が変化する。それによって表現型が変化するのですが、その変異が次世代に伝わっていくという現象ですね。

高井　そのような遺伝子という情報媒体によって塩基配列が受け継がれる以外に、すでにある代謝ダイナミズムや生理学的な条件、あるいは物理化学的な条件そのものが情報として受け渡されているということが、近年知られるようになってきました。

たとえば、細胞内には数百から数千種類にも及ぶ代謝産物が存在しており、多数の化学反応が、複雑な代謝反応ネットワークを構築しています。それこそ、数百から数千ものルートを持つ化学反応ネットワークです。インターネットと似ていて、あるネットワークルートはめちゃくちゃ発達しているけれど、別のネットワークルートはそれほどでもない。これが情報として次世代に伝わるわけです。こうしたネットワークを、遺伝子の変異を介さずに制御するということが、ある意味、エピジェネティクスの考え方になっています。

山岸　つまり遺伝子ではなく、すでにある生物の機能のダイナミズムそのものが情報になっているのではないかというわけですね。

高井　その動きのパターンも実はランダムではなくて、きちんと制御されています。お互いを制御し合っているので、ある時点の生命機能のダイナミズムそのものが、未来の時点での生命機能のダイナミズムを決定する要因になっている。そうしたことが、今の我々の生命現象の中にもいろいろと見つかってきています。

山岸　だから、「生命にRNAはなくてもいい」と考えるのですか。

高井　もちろん、我々にはRNAが必要ですが、地球生命に限定しない普遍的な生命を考えたとき、必ずしもDNAやRNAといった遺伝情報は必要ないのではないでしょうか。

遺伝子以外で情報が伝わる可能性

山岸　エピジェネティクスの代表的な仕組みとしては、「メチル化」が挙げられます。メチル化とは分子内のある部分に、炭素1個と水素3個からなるメチル基が結合する化学反応のことです。遺伝子におけるメチル化には、DNAのメチル化とヒストンのメチル化の2種類があります。

高井　ヒトのDNAは全長約2メートルにも及ぶので、通常はヒストンというタンパク質に巻き付けた状態で収納されていますね。ヒストンが「糸巻き」のような役割をすることにより、長い鎖状のDNAが染色体の内部にコンパクトに収納される仕組みです。

山岸　DNAのメチル化は、ほとんどがシトシンで生じます。それによって遺伝子の発現をコントロールしているのです。

これらのメチル化では、遺伝子そのものは変異しません。「こちらのDNAのこの部分をメチル化したら、新しくつくったDNAのほうも同じ部分をメチル化していく」という形で、情報が伝わっていくわけです。つまり、遺伝子はまったく同じでも、母細胞の遺伝子がメチル化していると娘細胞《じょうさいぼう》の遺伝子もメチル化する。母細胞の遺伝子がメチル化していないと娘細胞の遺伝子もメチル化しない。メチル化しているかどうかという情報が母細胞から娘細胞に伝わるわけですね。

高井　ということは、遺伝子を介さなくても情報は伝わっていくということですか。

山岸　そういうことです。ただ、生命の起源を考えるときに、「じゃあ、そのようなシステムが本当にありえるか」となると、自分では思いつかない。

高井　具体的なシステムとしては、ですね。

山岸　たとえば、うまく増殖するやつが生まれたとしましょう。1回くらいは成功するかもしれませんが、だんだん薄まっていくはずです。ただ、RNA以外で情報を伝えていく生命があってもいいとは私も思います。

RNAワールドは必要ない?

高井　一つの反応がある特殊な閉じた空間で、ほぼずっと繰り返し続くなら、それはもう生命なのだと私は考えます。そもそも、生命の定義の話をするときに、それは地球の生命なのか、もっとユニバーサルな生命なのかというのは、常にきちんと区切らないとダメなような気がします。

山岸　それはその通りで、はっきりさせておきたいですね。ただ考えれば考えるほど、我々に似た生物のほうが可能性としては高いでしょう。

高井　それはそうですね。

山岸　だけど、まったく違う生物という可能性も否定しません。

高井　そうそう。たとえば、ダーウィン進化せずに代謝系だけで生きている生物が存在していたとしても、不思議ではありません。もちろん、RNAがなければ情報が次世代へとうまく受け継がれていかないので、そのような生物が現在の地球に残っていることはないでしょう。ただ、そのような生物に情報システムが入り込むことで、我々の祖先である生命になったのかもしれません。

山岸　たとえば、酸化剤である臭素酸ナトリウムと硫酸、還元剤であるマロン酸によって、酸化反応と還元反応が周期的に発生する「ベロウソフ・ジャボチンスキー反応」という現象があります。この反応では、触媒となる物質と反応を阻害する物質が、周期的に制御し合うことにより、縞模様ができるという現象が起こっているのですが、これって情報なわけですよね。このような非線形化学振動反応のようなメタボリズム（代謝）は、高井先生の考えに近いのだと思います。

縞模様が現れては広がるベロウソフ・ジャボチンスキー反応は、エネルギー源が使い尽くされるまで終わりません。エネルギーを利用し、情報を持っているという点では、生命と極めてよく似ています。ただ、RNAと比べると非常に単純な情報なので、ダーウィン進化する可能性はないです。

高井　地球の生命を考えた場合、初期の段階で遺伝のシステムが入ってくるので、複製システムとしてRNAが必要なのはわかります。ただ、生命をつくる段階では必ずしも遺伝システムを最初から持っていなくてもいいのではないでしょうか。DNAやRNAといった遺伝情報のない生命が最初に生まれて、遺伝システムがそこに乗っかってきた。しかし、そうなると「RNAだけで生命活動を行う生物がいたとする『RNAワールド』は必要ない」ということになるのです。

山岸　まあ、そこに複製される情報がシステムとして備わっているのであれば、私もそれが生命だということにしてもいいと思います。だけど、現状はやはりRNAまでいかないと、「複製される情報」にはなりません。RNA以外に遺伝情報を持つ物質は、宇宙でも見つかっていませんからね。

タンパク質は情報を保持できるか？

高井　タンパク質に情報が乗っかっていても、いいような気もしますが。

山岸　しかしタンパク質に、自分で自分をつくるための情報システムを組み込むのは難しいでしょうね。

高井　タンパク質では無理ですか？　たとえばプリオンの場合、異常なタンパク質が、他のタンパク質の構造を変えることで伝播していきます。プリオンとは、脳などの中枢神経が侵されてスポンジ状になるBSE（牛海綿状脳症）などを引き起こすタンパク質性感染粒子ですね。もともとは生物の体内で働いているアミノ酸253個からなるタンパク質であることが確認されています。

山岸　でもあれは、本来のプリオンタンパク質が構造を変えて、ベータアミロイドという構造になりやすいというだけではないですか。

高井　最近の理論研究では、タンパク質の一種であるオリゴペプチドの二次構造自体が情報となって、同じ二次構造を持つオリゴペプチドの複製を可能にしているということが指摘されています。実際、こちらもタンパク質の一種で、自分で自分を合成することができる自己複製アミロイドの存在も知られるようになってきました。

山岸　それは、ある特定の配列を持つオリゴペプチドがあると、それが「ベータストランド」という二次構造になって、言わば結晶化するように次々と並んでいくという現象ですね。この現象は溶液中のオリゴペプチドが並ぶだけのことで、その配列のオリゴペプチドが新たに合成されるわけではありません。複製と言うには無理があると思います。

高井　でも、かなり前から、非リボソームポリペプチド合成タンパク質の存在も知られていますよ。もしそうした自分で自分を複製できるタンパク質が生命誕生よりも前に準備されていて、そいつらが代謝機能を制御できていたとしたら、生命にRNAのような遺伝システムは必要であったとは言い切れませんよね。

山岸　それは抗生物質合成酵素のことですね。たとえば、アミノ酸が環状に結合したバリノマイシンという抗生物質がありますが、そのアミノ酸を環状に結合する反応は「バリノマイシン合成酵素」が行っています。この酵素はバリノマイシンを合成することはできるのですが、それ以外のペプチドを合成することはできません。こうしたバリノマイシン合成酵素のような反応を複製と呼ぶのも、無理があるように思います。

高井　ただ、生命の起源としては、代謝機能に特化しつつも、なんとか自己複製ができる「ポンコツだけれども、生命の最低限の条件を満たしたやつ」が最初にいて、「しっかりした情報伝達が可能な遺伝システムによる高度な生命体」が、そいつの体を乗っ取ったなんて可能性も考えられます。遺伝子はあくまでも利己的に生物へ乗っかってきている。要するに、後から来て、母屋を乗っ取ったのではないかと考えているわけです。

山岸　まあ、そこまでいくと、定義の問題になりますね。それを生命と定義してしまえば、それでもいいですけど、ただ普通に考えると遺伝情報、遺伝子が必要だと思います。

深海と宇宙の類似性

高井　「海の深いところに行けば、昔の地球の環境が比較的残されている」ということがよく語られますが、厳密に言うとその考えは間違っています。水深6000メートルを超えるような超深海や海溝は、むしろ太古の地球にはあまりなくて、今の地球に特有の環境です。

山岸　ということは、深いところに行けば行くほど生命の起源が見えてくるというわけではないのですね。深海の微生物の中には、原始生命の特徴を残したものも存在するので、深海生物の研究によって生命進化史をたどることが期待されていますが。

高井　ただ大型生物の場合は、深いところに行けば行くほど、進化の過程をさかのぼることができるかもしれません。なぜなら、海洋の表層では環境の変化が激しく、生存競争も苛酷ですが、深海では比較的静かでゆっくりとしたスローライフが送れるからです。言わば超深海や海溝は、生存競争からの避難所と言えます。もちろん、生命の起源にまでさかのぼれるというわけではありませんが、それでも深海の生物の多様性は、ダーウィン進化的に見ても非常に興味深いと言えるでしょう。

しかし、水深1000メートルを超えると、ほとんど観測データがなくなってきます。深く潜れば潜るほどデータは減る。要するに、まだ存在の知られていない生物が、深く行けば行くほどたくさん見つかるというのが、今の深海生物における多様性の考え方です。

山岸　もっと調査する必要があるということですね。深海もそうだし、海底のさらに下の泥や岩石といった環境も同じで、微生物学的にも多様性はまだまだ未解明だと思います。

高井　この地球という星は、微生物の多様性によって環境が維持されたり、変化したりしてきました。また、地球におけるハビタビリティが続いてきたというのは間違いありません。ハビタビリティとは、生命の生存が可能な環境条件のことです。ただし、一般的に言われるような生物多様性の維持や保護を微生物に当てはめるのは非常に難しい気がします。微生物一つひとつの細胞はともかく、微生物群集は極めて多くの細胞の集合体で、それは大型生物のように脆弱ではありません。だから、よほどのことがない限り、多様性を激減させたり絶滅させたりすることはないからです。

山岸　地球上の核兵器を全部使っても、おそらく数キロ地下に生息する微生物は生き延びているでしょうから、地球上から生命がいなくなるなんてことは、まずありえないと思います。

高井　微生物を絶滅させるのは無理ですね。もちろん地球が金星のような灼熱の世界になったとすれば、話は別ですが。

山岸　もし太陽がなくなったとしても、化学合成細菌などは地球が消滅しない限り大丈夫でしょうね。ただ太陽がなければ、地球も徐々に冷え固まっていくので、やがて死に絶えます。

高井　人間の生き延びる能力もある意味、微生物並みに高いと言えますね。人間は時間とお金さえかければ火星にだって行けますから、限界を超える能力は微生物にも負けていません。

山岸　人間も現在まで勝手に進化し、繁栄してきたわけですから、とりあえず成功したと言えますし、ある程度環境が変わったとしても、いくらかは生き延びることができるでしょう。ただ、環境変動のレベルがあまりに酷いと、おそらく絶滅してしまうはずです。

高井　そのときは本当に、惑星移住を考えなくてはなりませんね。

山岸　深海と宇宙には、「太陽光が届かない過酷な環境」という類似性がありますね。

高井　生命にとって、深海も宇宙も変わりはないと私は思っています。

山岸　そのあたりの事情も含め、次章では「生命の起源と宇宙探査の関係」について語ってみましょう。

第6章　地球外生命は存在する！　ではどこに？

生命研究の醍醐味

山岸　生命の起源研究には、様々なアプローチの方法がありますが、多くの研究者は理論とシミュレーション、それと実験が大事と考えています。

高井　私の場合、研究の中心にあるのは、やはりフィールドワークによる観測です。深海の熱水活動域の研究がどれほど進んでも、築き上げてきた理論がフィールドへ行くたびに打ち砕かれることを経験してきました。なんやかんや言って、現実の自然というものは、我々の薄っぺらな理解をよい意味で打ち砕いてくれます。

山岸　ただ、１９７６年に熱水活動域が発見されてから40年以上が経ち、今では「深海熱水活動域の学術的研究なんて、もうほとんどやることは残っていない」と言う人もいますね。海水が反応する岩石の種類と圧力と温度が決まったら、熱水の組成もほとんど決まってしまうということからです。

高井　現実には、そうとも言い切れません。たとえばカリブ海の西インド諸島の一つ、ケイマン諸島の近くで新しく見つかった世界最深の深海熱水活動域へ調査に行ったところ、塩濃度が海水の半分くらいしかない４００℃の熱水が噴出しているのを発見しました。

今までの理解を基にすると、水深５０００メートルを超える深海の熱水活動域では、熱水の塩濃度は、塩析という作用の影響を受けて、海水よりも薄くなることはまずありません。これは海水が沸騰せず※に、超臨界条件での物理化学反応が起きるからです。しかし、実際はそうではありませんでした。これにより、現実の環境で起きていることを説明するため、また新たな理論を考えなければならなくなりました。

山岸　そのような新しい発見があるところが、生命研究の醍醐味ですよね。

高井　深海の熱水活動域を、生命の起源やアストロバイオロジーのアナロジーとして研究対象にすると、理論や実験だけでなく、実際に現場を訪れて、目の前で対象を研究することができます。

これは、研究意欲を盛り上げたり持続したりする動機付けや原動力として、すごい効果があるうえ、ただただ楽しいし、素晴らしい。先ほどのケイマン諸島の経験に限らず、新しい観測結果がこれまでの学説を覆してきたことは過去無数にあります。

リアルな観測によって新しい理解を導くことが、フィールドワークの最大の醍醐味の一つです。地球の熱水活動域の研究は今なお、我々の惑星に「宇宙への窓」があり、かつ

※沸騰すると蒸気相が生成・分離されるため塩濃度が薄い熱水ができることがある。

「太古への窓」が存在することを教えてくれます。

山岸　「宇宙への窓」とはいい言葉ですね。若い人にとって宇宙を研究の舞台とするのは、そのうち普通になると思います。ロケットを安く打ち上げる方法が、たくさん開発されていますからね。火星は２０４０年代には、有人も含めて、どんどん行けるようになっているでしょう。

高井　そうですね。頭の中と研究室での実験だけじゃなくて、やはりリアルな現場がないと研究や議論の盛り上がりは生まれません。机上の理論ではなく、本当に探検や探査をできる人がどんどん出てくればいいと思います。

山岸　そのチャンスはこれから先、どんどん増えていくはずです。

地球外生命はどこにいる？

高井　地球外生命が存在するのは、まず間違いありません。要はそれを見つけられるかどうかですが、太陽系の中で見つかるとすれば、先ほど山岸先生がおっしゃった火星か、もしくは液体状の水が存在する土星の第二衛星エンケラドス、それか木星の第二衛星エウロパや第三衛星ガニメデが最も可能性が高いと思われます。

土星探査機「カッシーニ」が捉えた、エンケラドス・プルーム。
© NASA / JPL-Caltech

山岸　現在、地球外生命探査が盛り上がっていますよね。それら候補天体の中で、実際に見つけられそうなのはどこだと思いますか。

高井　火星とエンケラドスの両方に生命が存在していてもおかしくないですが、どちらがより探しやすいかといえば、断然エンケラドスです。火星の場合、仮に生物が存在したとしても、それが生き残っている場所を探し出せるかどうかわかりません。

一方、エンケラドスは、表面が氷で覆われていますが、氷の下には全球規模で海が広がっていて、表面の氷の割れ目からは、氷の粒子であるプルーム（立ち上る煙状のもの）が噴き出しています。

山岸　もしエンケラドスの広大な内部海に微

生物がいるとすれば、当然プルームの中にも含まれているはずですね。

高井　はい。だから、エンケラドス・プルームからのサンプルリターンに成功すれば、生命を発見できるかもしれません。

山岸　地球外の惑星や衛星から試料（サンプル）を採取して、持ち帰ってくる（リターン）ミッションですね。

高井　持ち帰る試料には土砂や岩のほか、宇宙塵のような粒子状のもの、そしてエンケラドス・プルームのような氷の粒子などがあります。内部海のあるエンケラドスで生命を発見できる可能性のほうが高いのではないでしょうか。

山岸　確かにエンケラドスは、宇宙空間に向かって水やナトリウム塩、有機物を噴き出していることが確かめられている唯一の天体ですから、その噴出物を探査機で採取し、持ち帰ることができれば、地球で詳細に分析して生命が存在するかどうかを確かめることができますね。

高井　地球外生命の発見に向けた探査の成功確率を考えれば、エンケラドスを目指すのがいいと考えます。

146

エンケラドスに生命は存在しない

山岸　ただ、私は逆に「エンケラドスに生命が存在する可能性は低い」と思っています。なぜなら、エンケラドスには陸地がないからです。これまで何度も述べてきたように、生命の誕生には陸地の存在が欠かせません。乾燥できなければ、RNAの脱水縮合反応が起こることはないでしょう。

高井　その考えを否定するにしろ肯定するにしろ、きちんと確認するためにもエンケラドスの探査はぜひやってほしいですね。

山岸　ただ、エンケラドスは地球から遠く離れているので、結果がわかるまでに30年以上はかかります。だから、その前に近くの火星から最初の地球外生命が発見されるかもしれません。

高井　確かに、土星の衛星エンケラドスは地球から遠く離れています。太陽からの距離もかなりありますので届くエネルギーが非常に少なく、そのせいでエンケラドスの表面は氷に覆われているのですが、その氷の下にはなぜか内部海が広がっていました。その謎を解く鍵は、土星の重力にあります。

山岸　土星は太陽系の中で木星に次ぐ2番目に大きな惑星で、エンケラドスはその周りを楕円軌道で公転しています。だから、エンケラドスが土星に近づくと重力の影響が強まり、離れると弱まるのですよね。

高井　はい。またエンケラドスは、近くにある他の土星衛星の公転によって、そこから受ける引力も変動します。これらの潮汐力《ちょうせきりょく》により、エンケラドスの氷や岩石核で摩擦が起こり、中心の岩石核では大きな熱が発生するというわけです。このように、潮汐力によって生じた摩擦熱で氷が融け、およそ40億年前の地球で起こっていたのと同じような熱水活動が今も続いていると考えられています。

火星探査の歴史

山岸　次に、火星における生命の存在について検討してみましょう。

高井　１９８０年代まではロシア（旧ソ連）も火星に探査機を送っていましたが、現在はアメリカの独擅場ですね。

山岸　世界で初めて火星探査に成功したのは、１９６４年に打ち上げられたＮＡＳＡのマリナー４号でした。翌年の７月に火星へ接近したマリナー４号は、火星の表面を初めて鮮明に撮影することに成功し、22枚もの画像を地球へ送っています。その画像に写っていたのは、クレーターだらけの荒涼とした世界で、生物が存在する可能性などは感じられませんでした。

高井　世界で初めて火星周回軌道へ入ることに成功したのは、ＮＡＳＡの火星探査機マリナー９号ですね。

山岸　マリナー９号が１９７１年に送ってきた画像によって、火星の表面には深い「渓谷」が刻まれていることがわかりました。渓谷というのは、長い年月をかけて流れた水が地表をゆっくりと削ることによってつくられます。つまり、その画像は「かつて火星の表面には水が存在した可能性がある」ことを示していたのですね。

高井　生命が存在するには「有機物・水（元素）・エネルギー」の３つが必要です。火星に水があったことが示されたことで、「生命が存在する」もしくは「かつては存在していた」可能性が、がぜん高まりました。

山岸　その後、アメリカは１９７５年に「バイキング計画」をスタートさせます。この計画では、火星周回軌道からの観測に加え、火星表面に着陸しての「生命探査・気象観測・大気成分分析」などを行うことを目標としていました。

高井　１９７６年にはバイキング１号とバイキング２号が、相次いで火星表面への着陸に成功しましたね。バイキング号は、火星の土壌での有機物探査や、栄養液に反応する生物の探査などを行っています。

山岸　その探査の一つで、ある反応が検出されました。放射性炭素を含む培地に火星の土壌を加えたところ、放射性二酸化炭素が放出され、さらに土壌をあらかじめ50℃で処理すると、放出される二酸化炭素の量が減ったのです。反応としては地球の微生物の呼吸と同じだったので、「生命が存在するのでは」と考えられました。ただ、土壌に含まれる有機物の量を測定したところ検出感度以下だったので、その当時の判断では「生命は存在しない」と結論付けられました。

高井　アメリカの火星探査はこれ以降、しばらく途絶えることになりますね。バイキング1号の着陸機が1982年11月に活動を停止すると、火星探査に関しては長く空白期間が続きました。

火星には四季がある

山岸　火星探査が再び活気を取り戻したのは、「マーズ・パスファインダー計画」以降です。マーズ・パスファインダー計画とは、アメリカが安価で効率のいい探査機を打ち上げる「ディスカバリー計画」の一環として行われた火星探査計画でした。

1996年に打ち上げられた火星探査機マーズ・パスファインダーは、翌1997年のアメリカ独立記念日にあたる7月4日に、計画通り火星のアレス渓谷に着陸しました。1976年のバイキング1号・2号の火星着陸以来、実に21年ぶりに火星へ到達し、初の火星ローバー（探査車）走行にも成功しています。

高井　その後もNASAは、火星に探査機を送り続けましたね。その甲斐あってか、現在では「火星の表面にはかつて液体の水が存在した」こと、さらに「かつて、温暖湿潤な気候が長期間保たれていた」ことなどもわかってきています。つまり、今から約40億～30億年ほど前の火星は、地球と同じように生命が存在していたとしても不思議ではない環境だったわけです。このような探査結果から、「かつての火星には、生命が存在していたのではないか」という考えが普及してくるようになりました。

山岸　火星に水が存在する可能性に関しては、2015年9月28日にNASAが「火星の地表から『液体の水』が流れている証拠を見つけた」という発表を行いましたね。これには「火星の四季」が関係しています。

高井　火星の1日はおよそ24時間40分と、地球とほぼ同じですし、火星の自転軸は約25・

2015年9月28日にNASAが発表した「火星表面で見つかった、水が流れたとみられる筋」（矢印）。
© NASA/ JPL-Caltech/ Univ. of Arizona

2度傾いているので、地球と同じように四季の変化も存在します。そして夏になると、クレーター部分に筋状の模様が現れていました。この筋模様は「氷が融け出した跡」と考えられています。

山岸　NASAがこの筋状の模様を探査機によって解析したところ、過塩素酸マグネシウム、塩素酸マグネシウム、過塩素酸ナトリウムなどの鉱物が存在しました。そして、これらの塩が水を含む結晶であることもわかったのです。

とはいえ、まだ本当にジャブジャブの水が見つかったわけではないので、「筋状の模様は水の跡ではない」という研究者もいます。これらの鉱物の存在だけでは、火星の地下に水があることの直接的な証明にはなりません。しかし、この筋が火星の春と夏にだけ観測されることや、縞模様が徐々に広がっていることなどから、地下の氷が関係している可能性は高いと思います。

火星に存在する水の正体

高井　火星の地下に液体の水が存在しているといっても、それは普通の水ではありません。その正体はＮＡＳＡの発表によると塩水、それも「地下に塩の結晶があると考えられるほど高濃度の塩水」です。実は地球上でも、そのような地下に塩水が存在する場所が、地中海や紅海の海の底や火山の地下など、かなりあります。しかし、そうした場所に微生物はあまり存在していません。ですから、まずは「火星で見つかった塩水環境で、生物が果たして生き残れるのか」をきちんと検証しなければいけないと思います。

山岸　高い塩分濃度は、それほど問題になりません。地球でも飽和塩濃度の塩水中に生育できる菌、高度好塩菌の存在が知られています。つまり、塩濃度が高くても微生物の生育が可能な環境なのです。ただ、火星に水があるのは間違いないでしょうが、液体の水を見つけるのは結構難しいですね。

高井　たくさんあればわかると思いますが。

山岸　ある値よりも気圧が低いと、水は個体からいきなり気体になってしまうのですよね。

火星の大気圧というのは、それよりもぎりぎり低いので、普通の場所では液体として存在できません。これまでに公表されている火星の大気圧データは7～8ヘクトパスカルで、地球の大気圧1013ヘクトパスカルに比べて、極端に低い数字です。これほど低い大気圧では、水の沸点は氷点とほぼ等しくなります。

高井 すると、火星では水が氷から直接水蒸気になってしまうので、液体の状態では存在することができないというわけですか。

山岸 ただ、火星で最も高度の低い渓谷なら、気圧が他の場所よりも高いので、水は液体の状態で存在することができます。また、地表よりも地下に潜れば圧力が上がりますので、やはり問題ないでしょう。もちろん、いろいろなものが溶け込むと凝固点が降下する※ので、それならば液体の状態でいられるはずです。実際、ESA（欧州宇宙機関）の火星探査機マーズ・エクスプレスのレーダー探査で、地下に水の層があることがわかりました。これは、おそらく塩濃度の高い水であろうと推定されています。

火星で発見されたメタンの意味

山岸 これらに加え、火星の大気分析を行ったところ、メタンの存在が観測されました。

高井　酸素、そしてメタンなど生物がつくり出す可能性のある物質は、バイオマーカーと呼ばれています。このバイオマーカーの痕跡を見つけることができれば、そこに生命が存在した可能性が考えられるので、地球外生命探査においてはメタンの発見が重要ですね。

山岸　「火星にメタンがあるのではないか」というデータ自体は以前から存在しましたが、非常に濃度が低く観測するのは困難でした。しかし、２０１２年に火星へ到着したＮＡＳＡのマーズ・サイエンス・ラボラトリーの探査ローバー「キュリオシティ」が、２０１３年後半から14年のはじめに、高濃度のメタンを観測しました。

キュリオシティは、搭載されているサンプル分析器を使って20カ月もの間、火星大気中のメタンを調べました。その結果、ある期間だけ、前後と比べてメタンの量が10倍も増加していたことがわかったのです。

高井　どこから出たのでしょうか？

山岸　わからないですね。ともかくずっと観測していたら、あるとき検出されました。

高井　あるときだけ？

※不純物を溶かした溶媒の凝固点は、純溶媒よりも低くなる。

山岸　そう、最初の300日くらいは何もなくて、その後200日間くらい検出され続けました。ところが、その後の200日くらいはまた出ていないのです。

高井　たとえ一時期だけとはいえ検出されたわけですから、そこには生物が存在するのかもしれませんね。

山岸　検出され続けない理由としては、どこか近くに噴出孔があり、風向きによってメタンガスが流されてしまっているのか、あるいは噴出がずっと続いているのではなく、間欠的に出ているせいかもしれません。

高井　検出されたメタンに生物が関与しているかどうかを判別するためにも、メタンの濃度以外に、メタンに含まれる炭素や水素の安定同位体比が知りたくなりますね。

メタンを食べる生物

山岸　仮にメタンガスが非生物的に合成されたのだとしても、メタンが高濃度で噴出している場所があるならば、それを食べる生物が出口付近に存在するかもしれません。

高井　たとえば、地球ではメタンを酸化して生きている「メタン酸化菌」が見つかっています。

山岸　現在、ESAの「トレース・ガス・オービター」が、火星の周回軌道を回っており、火星表層でメタンをもう少し高感度で検出しようとしています。トレース・ガス・オービターは、ESAとロシアにおける宇宙開発全般を担当する国営企業「ロスコスモス社」とが共同で進めている「エクソマーズ計画」の第一弾として打ち上げられた、火星周回探査機です。

また、先ほどのキュリオシティはガスクロマトグラフィー（GC）質量分析装置を使って、火星由来の有機物も検出しています。採取した火星の泥岩を数百℃まで熱して析出したものを分析したところ、塩化ベンゼンや塩化メタンが確認されました。

高井　そもそも火星の地質には、酸化鉄が多く含まれていますね。火星の表面が赤いのもそのためです。

山岸　キュリオシティが火星の土壌を加熱してGC質量分析を行ってみたところ、硫化水素が検出されました。これは、土壌に硫化鉄が含まれているからだと考えられます。このように、メタンや硫化鉄があるということは、これらを酸化還元する化学合成細菌が存在していても、不思議ではありません。

また、火星の大気圧は地球の約0・7％で、平均気温はマイナス50℃からマイナス60℃

なのですが、時期によってはプラス20℃まで上がります。一方、放射線量は年間約250ミリシーベルトと、人間には厳しい線量ですが、放射線耐性を持つ微生物なら十分生息可能です。

高井　つまり、火星の土壌に地球の微生物を持っていっても、生きていられるかもしれないということですね。

生命の誕生には火星のほうが有利

山岸　NASAの宇宙生物学者クリス・マッケイによると、初期の火星にはホウ素が豊富に存在していました。

RNAの材料にホウ素を加えると、分子の結合が促進されます。つまり、ホウ素が多いと、RNAが安定するのですね。だから生命の誕生には、地球よりもむしろ火星のほうが有利だったかもしれません。

高井　地球最初の生命は火星から飛んできたと主張する研究者もいますね。たとえば、地質学者のジョセフ・カーシュヴィンクは、1984年に南極大陸のアラン・ヒルズという場所で、火星から飛んできた約45億年前の隕石の中に磁鉄鉱を発見しました。この隕石は、

南極大陸で採取された「アラン・ヒルズ隕石」(左)。火星起源の隕石の内部から、細菌のような生命体の化石らしきものが確認された(右)。
© NASA / JPL-Caltech

「アラン・ヒルズ隕石」と呼ばれています。

山岸　地球上には体の中で磁鉄鉱をつくり、それを磁石として使って移動する「磁性細菌」と呼ばれる微生物が存在します。アラン・ヒルズ隕石の中にあった磁鉄鉱はまさに磁性細菌がつくる特殊な磁鉄鉱であり、天然ではつくられないと彼は主張しました。

カーシュヴィンクは、「これは火星に生命がいた証拠であり、その一部が地球にやってきて増殖したのだ」と言っています。ちなみに、かつて地球全体が氷に覆われたことがあるという「スノーボールアース仮説」を1992年に初めて提唱したのも、このカーシュヴィンクです。

しかし、カーシュヴィンクが主張するように、磁鉄鉱は生物が関与しないと、本当につくられないのかは、まだ証明されていません。だから、私自身はこの意見に対しニュートラルな立場をとっています。

高井　誰かがつくり方を発見できれば、それまでの議論が覆りますからね。

第7章　アストロバイオロジーの未来

アストロバイオロジーは生命の本質を探る学問

高井　これからはやはりアストロバイオロジーの時代だと思います。アストロバイオロジーは、宇宙で生命を探すことを目的としているだけでなく、生命の本質を探るための学問です。アストロバイオロジーが発展したら、ゆくゆくは「アストロ」が抜けて、本当の「バイオロジー（生物学）」に戻る。それがフィジックス（物理学）、ケミストリー（化学）に並ぶ、本来のバイオロジーなのだと思います。現在のバイオロジーは、まだ本当の意味でのバイオロジーにはなっていません。

山岸　今はまだ、「地球生物学」ということですね。物理学の場合、物理法則は地球に限らず、宇宙全体で共通です。生物学が本来の意味でのバイオロジーになっていないのは、我々が、地球の生物しか知らないので、その範囲外の生命まで想像できないからでしょう。

高井　このところ、ＮＡＳＡが地球外生命探査に本腰を入れ始めてきていますよね。ＮＡＳＡは10年ごとに、今後やるべき「planetary decadal survey」、つまり「惑星10年探査計画」というものをつくっています。今の計画が２０１３年から２０２２年までで、現在、次の計画をつくっている最中です。そこでＮＡＳＡのそれぞれの研究所や関係する科学者コミュニティが、次の計画に盛り込む探査やプロジェクトをいろいろと提案しています。

NASAの太陽系探査を主導してきたジェット推進研究所（JPL）が中心となって打ち出しているテーマが「ocean world」、つまり「地球外海洋」という概念です。要するに、エンケラドス、タイタン、エウロパ、ガニメデなどの地球外海洋の物理・化学・生物を調べようという計画です。

山岸　その他にも、米国科学アカデミーがNASAの委託を受けて、次の10年探査計画に向けた提言を取りまとめる委員会をつくっていますね。

高井　その共同議長は、最初に「エンケラドス・プルーム・サンプルリターン」のアイデアを私に教えてくれたペンシルベニア州立大学のクリストファー・ハウスという研究者です。提言の内容にも、土星衛星の探査の重要性が盛り込まれています。このような情勢が続けば、近い将来にNASAが、注目を浴びているエンケラドスに探査機を送る確率は高いのではないかと思います。

山岸　まずは、片道切符の行程で、その探査を行い、その後、エウロパやタイタンも含めて、採取した試料を持ち帰るサンプルリターンを行えるようになるまで持っていきたいところですね。

高井　現実的に、私が生きている間に試料を持ち帰ってこられるかどうかは疑問ですが、それほど遠い未来ではない可能性も出てきたということです。

火星に移住するとしたら

高井　以前の私は、「わざわざ宇宙を有人で探査することになんの意味もない」と思っていました。ところが、ある雑誌の企画で、宇宙飛行士の若田光一さんと直接お話しする機会があり、それ以来、その考え方が変わり始めています。

山岸　1996年1月にスペースシャトル「エンデバー号」に乗り込み、日本の人工衛星をスペースシャトルのロボットアームでつかまえる作業を行った方ですよね。2000年10月には、日本人宇宙飛行士として初めてISSの組み立てに参加するなど、これまで4度の宇宙飛行ミッションを行っています。

高井　若田光一さんは「いつか地球に小惑星が衝突するといったカタストロフィー（破滅的危機）が訪れたとき、人類という種が生き残るためには地球外惑星への移住しかない。有人探査を行う理由の一つはそのための基盤技術を構築するためです」と言っていました。その話を聞き、「なるほどな」と納得したのです。人類が生き残るためには、そうした事態まで想定しておかなければいけない。有人を含めた宇宙探査は、単なる夢とロマンと科学技術の進歩だけではないということを悟りましたね。

山岸　もし本当に地球外へ移住するとしたら、人間が生きるための条件がある程度揃っている火星がいいでしょう。月には、水もなければ二酸化炭素も存在しません。そのような場所を開発するのは、費用的にも労力的にもコストがかさみます。

高井　月には、有人探査基地を置くのがいいでしょう。そうすれば、そこを中継基地にして、遠くの惑星まで人間を送ることができるのではないでしょうか。また、人類が宇宙へ行くときには、宇宙に地球の生物を持ち込んで、他の惑星や衛星の環境を汚染しないことや、あるいは宇宙から地球へ生物を持ち込まないようにするための「宇宙検疫」が必要です。もし月に中継基地をつくることができれば、そうした問題も比較的簡単に対処できそうな気がします。

山岸　宇宙を探査する場合、ロケットが地球を飛び出すまでに最もエネルギーを消費しますから、その点からも月に有人探査基地があると有利ですね。だけど、やはり資源的な問題が残ります。基地として十分に利用しようとすると、少なくとも水と酸素は自給したい。火星には大量の氷が地下にあり、しかも大気に二酸化炭素も存在します。酸素はそのどちらからでも生成可能です。

高井　実際に地球外惑星に人間が行けたら、そこで生命を発見する可能性は、とてつもなく広がりますよね。

山岸　そうですね。ただ、移住よりも前に、地球外生命を発見しないと、地球由来の生命との区別がつかなくなる可能性があります。

高井　確かにそうですね。先ほどの宇宙検疫の話でもありますが、人間が行ったら絶対に微生物も運ばれてしまうので。

山岸　有人で火星に行くのは、おそらく2030年代以降だと思います。最初は探査が目的で、その次が観光、移住計画はだいぶ先の話でしょう。

高井　でも、世界各国の宇宙開発の状況しだいではもっと早くなるかもしれません。

山岸　本当に移住しようと思うと、少なくとも最初は、向こうでテラフォーミングをする必要があります。

高井　テラフォーミングとは、地球以外の惑星や他天体の衛星などの環境を人類が居住できるように人為的に改変することですね。アメリカのSF作家ジャック＝ウィリアムスンが、自著の中で用いた造語に由来します。

山岸　1961年にアメリカの天文学者で作家のカール・セーガンが金星の環境改造計画

に関する論文を発表してから、本格的な研究が始まりました。ただ、他の惑星に様々なリソースを運ぶとなると、相当な資金がかかるのは間違いありません。

「はやぶさ2」の成果

高井　一方、日本では探査機「はやぶさ2」が、2019年2月22日に小惑星「リュウグウ」へのピンポイント着陸を成功させました。はやぶさ2の目的は、有機物の起源を探ることです。小惑星の多くは、火星と木星の間の「小惑星帯」と呼ばれる地点に存在しており、そこには太陽系初期の有機物が今なおたくさん残っていると言われています。

山岸　もちろん、小惑星帯まで行くのは非常に大変です。しかし、小惑星の中には、ときどき弾き飛ばされて地球の周辺まで飛んでくるものがあります。

高井　リュウグウは、そうした小惑星の一つですね。

山岸　小惑星帯の中でも太陽からの距離が近いところにはS型小惑星が、小惑星帯の中ほどにはC型小惑星が数多く分布しています。S型小惑星とは「ケイ酸鉄やケイ酸マグネシウムなどの石質の物質を主成分とする小惑星」のことです。「S」は英語で石質を意味する形容詞「Stony」、あるいはケイ質を意味する形容詞「Siliceous」に由来しています。

「はやぶさ2」が撮影した小惑星「リュウグウ」。表面に「はやぶさ2」の影が見える。　© JAXA

一方、Ｃ型小惑星とは「炭素系の物質を主成分とする小惑星」のことです。「Ｃ」は英語で炭素質を意味する形容詞「Carbonaceous」に由来しています。はやぶさ２のターゲットであるリュウグウも、このＣ型小惑星です。

高井　既知の小惑星のうち、約17％がＳ型小惑星、約75％がＣ型小惑星でしたね。Ｃ型小惑星はＳ型小惑星よりも「始原的」とされており、太陽系初期の情報をたくさん保持していると言われています。

山岸　はやぶさ２はサンプルリターンを行うことで、小惑星リュウグウに含まれているであろう有機物を詳細に調べる予定です。サンプルを分析することは、とても重要です。太陽系や惑星の形成論につながり、地球の歴史がより正確にわかるようになり、その結果、地球最初の生命誕生のプロセスにまで踏み込めるようになるかもしれません。２０２０年末に帰還予定ですので、今から楽しみです。

高井　はやぶさ2プロジェクトで私が注目しているのは、工学的なミッションです。どれも非常に高度な技術を必要とするハードルの高いミッションばかりですので、それらを今のところ計画通りにすべて成功させているＪＡＸＡ（宇宙航空研究開発機構）には心から敬意を表します。

ＳＬＩＭの目標

山岸　これとは別に、ＪＡＸＡは「ＳＬＩＭ《スリム》」と呼ばれる月探査計画を進めていますね。ＳＬＩＭとは、月の表側にある「神酒《みき》の海」への着陸を目指した、日本初の月面着陸機です。ＳＬＩＭの名称は、「Smart Lander for Investigating Moon（小型月着陸実証機）」の頭文字からきています。

高井　ＳＬＩＭの目標は、これまでの月探査機よりも着陸精度を上げることです。今まで数キロはあった着陸地点からのズレを、１００メートル程度に向上させようとしていますね。

山岸　従来の「降りやすいところに降りる」のではなく、「降りたいところに降りる」探査を目指しているのですから、非常に大きな転換点と言えるでしょう。最終的には、月周回衛星「かぐや」が収集した情報を活用しながら、目標である「神酒の海」への軟着陸を目指しています。

今後の宇宙探査計画と生物学の関係

山岸　2020年にはNASAが、キュリオシティの後継機である「マーズ2020」を、火星に送り込む計画もありますね。NASAは火星探査機マーズ2020の着陸場所を、直径約45キロの「ジェゼロ・クレーター」に決定したと発表しました。このクレーターは数十億年前までは湖だったことがわかっていて、堆積物を調べれば生命の痕跡が発見できるかもしれないと期待されています。

高井　日本では、2024年打ち上げ予定の「MMX（Martian Moons eXploration／火星衛星探査計画）」がありますよね。これは、フォボスとダイモスという2つの火星の衛星を目指すものです。これら2つの衛星に着陸し、そこから土壌のサンプルリターンを行う計画です。

山岸　それが戻ってくるのは、現在のところ2029年の予定です。MMXの目的は、火星の第一衛星フォボスや第二衛星ダイモスが「まったく別のところからやってきて火星に捕獲され、周回軌道を回るようになった衛星」なのか、それとも「地球と月との関係のように、小天体の衝突によって火星から分離してできたもの」なのかを確かめること。つまり、火星の衛星の起源や火星圏の進化の過程を明らかにすることです。

高井　もし、フォボスとダイモスが別のところからやってきた衛星であれば、火星とは土壌や岩石の組成が異なりますね。

山岸　ただ、ＭＭＸでは火星への着陸までは行われません。火星にはＮＡＳＡがこれまでに8台もの着陸機を送っています。ＥＳＡも２０２０年に、エクソマーズ着陸機を送る予定です。中国やインドも火星着陸を目指すと発表しています。ＪＡＸＡをはじめとする世界の14宇宙機関が参加する宇宙探査協働グループ「ＩＳＥＣＧ《アイセックジー》」という政府間会合があるのですが、そこでも２０４０年代の火星有人探査を目指しています。

高井　日本はエンケラドス探査で頑張ればいいのではないですか。

山岸　エンケラドスもいいけれど、まずは火星からですね。

高井　でも、火星で国際競争に勝てるのかなあ。探査は国際協力も大事ですが、一方では国際競争の側面もあるので、探査の技術や対象における日本の独自性や先端性を打ち出す必要があります。その点、ＪＰＬの「ocean world」路線は、宇宙探査だけでなく、海洋探査の要素も大きいので、世界の海洋探査をリードしてきた日本の強みを発揮するのに役立つと思いますね。

大型木星氷衛星探査計画「ＪＵＩＣＥ」

高井　先ほど言ったように、今は探査の先進性や国際的な強みの相乗効果が組み込まれていることを、計画段階から求められます。その点では、エンケラドスやＪＰＬの地球外海洋探査のほうが、日本の貢献度は大きいでしょう。

実際、ＪＰＬの ocean world 推進グループは、そういった観点から、我々ＪＡＭＳＴＥＣや、「ウッズホール海洋研究所」の海洋探査研究者・技術者との協働に興味を示しているのだと思います。

山岸　まあ、火星探査の末端に入るぐらいだったら、自分らが持つ長所を高く売るという方向で、日本のすごさを見せるほうが賢い戦略でしょう。そういう意味では、日本で微生物学が進んでいるのは、強力な武器になります。

高井　それに関しては、ＪＡＭＳＴＥＣも含めて、もっと頑張っていかないとダメですね。ところで、ヨーロッパは木星の衛星エウロパやガニメデなどの氷衛星へ行こうとしていますよね。

山岸　ＥＳＡが主導する「ＪＵＩＣＥ（JUpiter ICy moons Explorer）」という木星氷衛星探査計画ですね。欧州各国をはじめ、日本やアメリカも参加する史上最大級の国際太陽系探査計画と言われています。

高井　アストロバイオロジーの観点からすると、個人的には、ＪＵＩＣＥよりも、ＮＡＳＡの「エウロパ・クリッパー計画」のほうが、大きな成果があるのではないかと期待しています。エウロパ・クリッパーは、２０２３年にＮＡＳＡが打ち上げを計画している木星探査機です。液体状の水、化学物質、十分なエネルギー源といった生命に必要な３つの要素がエウロパに存在するかどうか探ることを主目的の一つとしています。

山岸　また将来的には、月の周りに宇宙ステーションをつくることも計画されています。「ディープ・スペース・ゲートウェイ」と命名され、近い将来、そこを拠点に地球から人員やいろいろな機材を、月へ運び込む予定です。現在のＩＳＳの質量が約４２０トンなのに対し、その6分の1の約70トンと、計画としては小規模ですが、宇宙ステーションの内外で各種実験が行われます。

高井　地上から約４００キロ上空の熱圏を秒速約７・７キロ（時速約2万７７００キロ）で飛

行するＩＳＳは、１９９８年に組み立てが開始され、２０１１年７月に完成しました。当初の計画だと運用期間は２０１６年まででしたが、アメリカ、ロシア、カナダ、日本は少なくとも２０２４年までは運用を継続する方針を発表しています。ＩＳＳで培った技術を、ディープ・スペース・ゲートウェイという新構想に生かそうというのでしょうね。

山岸　長期的には、火星に行くときの中継地にする計画のようです。現在、ＪＡＸＡの国際宇宙探査専門委員会では、ディープ・スペース・ゲートウェイで実施すべき実験についての意見聴取が行われています。アストロバイオロジー学会、日本惑星科学会、宇宙理学委員会、宇宙工学委員会で意見を募集し、それを取りまとめて国際会合で発表しています。

ブレイクスルー・スターショット計画

高井　国際宇宙探査について補足すると、現在、多くの国々が宇宙探査を始めており、中国やインドも火星に行く計画を立てていて、中には民間の資金で行う計画も増えています。

山岸　アメリカはＩＳＳに行くのに、ほぼすべて民間ロケットを使っていますね。我々のたんぽぽ計画の実験装置の運搬もスペースＸ社のロケットで行いました。

高井　また、マイクロサテライト（超小型衛星）での実験のようなものは、日本だと従来ならＪＡＸＡ頼みでしたが、現在は大学でも取り組んでいますし、ベンチャー企業なども立ち上がっています。宇宙探査がより身近なものになってきていると言えますね。

山岸　日本でも、ＪＡＸＡがトヨタと協定を結び、２人乗り６輪の探査車を開発するという計画を発表しました。それを月に送り込み、有人で操作する計画を検討中です。

高井　ＪＡＸＡは、ベンチャービジネスの支援も行っていますね。ＪＡＸＡからＩＳＡＳ《アイサス》（宇宙科学研究所）※へ、ＩＳＡＳからオールジャパンへ、そして世界へと連携やネットワークが徐々に広がってきています。

山岸　世界的には「ブレイクスルー・スターショット計画」がありますね。地球から最も近いハビタブル（居住可能）な惑星であるケンタウルス座α星の惑星へ数千個のレーザー推進の宇宙ヨットを送り込む計画です。

高井　ケンタウルス座α星の惑星は太陽系から４・37光年も離れているので、現在最速の探査機でも３万年はかかる計算です。

山岸　そこでブレイクスルー・スターショット計画では、４×４メートル程度の帆と、重

※主に宇宙科学の研究を行う日本の機関。科学研究にとどまらず、宇宙開発にも広く関与している。

量4グラム程度のICチップを搭載した宇宙ヨットをレーザーを使って加速し、飛ばそうとしています。この方法だと、理論的には光の20％の速度まで加速できるので、約20年で到達できるというのです。

また、このヨットにはカメラと送信機が搭載されているので、到着後に撮影した画像を地球に向けて送信をすれば、4年程度で画像が地球に届きます。したがってロケットを打ち上げてから24年後には、いちばん近いハビタブルな惑星の写真が入手できるというわけです。ただし、その開発に20年かけようとしています。

日本におけるアストロバイオロジーの課題

山岸　日本は様々な問題を抱えていますが、何より致命的なのが、これまでアストロバイオロジーという観点が少なかったことです。しかし急いで立て直そうとしているので、これから徐々に変わってくるのではないでしょうか。

アメリカは、「NASA宇宙生物学研究所 NASA Astrobiology Institute」という資金配分を行うバーチャル機関を設立し、様々な生命探査研究の準備を進めています。日本でもようやく、自然科学研究機構が、2015年にアストロバイオロジーセンターを創設しました。

高井　現在、国立天文台が中心になって研究を始めていますよね。我々はそれに協力しつつ、天文学だけではなく、本当の意味でのアストロバイオロジーにつなげるべく、より広範な方向へ持っていこうとしています。

山岸　そもそもアストロバイオロジー研究の本質的な目的は、生命を理解することです。天文学だけでなく、アストロバイオロジーの名の下に、生物学、惑星科学などの様々な分野から参入してくることを期待しています。

高井　既存の学術分野と違って、わかっていないこと、やらなければならないことがたくさんあるので、若い学生や研究者からの人気は高いですね。系外惑星もどんどん見つかってきている現在、学際的研究のフロンティアだと思います。

ものすごく高い目標なので、簡単にゴールまでたどり着けそうもないですが、人生の多くの時間を費やしても登り切ることができなさそうなところがまた楽しい。何より研究対象が、「何々に役立ちます」とか「何々を解明できます」ではなく、全人類の根源的な好奇心と直結するような「宇宙と生命」というのが、非常に魅力的です。我々の一番知りたい宇宙と生命の始まりから未来までを扱うのですから。

山岸　私の場合、勝手にいろいろやっていたら、ここまで来たという感じです。微生物を探すのに、最初は飛行機を使ったら見つかって、次は気球を上げたらまた見つかって。それで今度は、ＩＳＳでたんぽぽ計画をやっている。まだプロジェクトの段階までは進んでいませんが、次は火星を目指そうと思っています。

なぜこんなことを研究しているのかというと、「生物はこの先、どうなっていくのか」ということを知りたいというのが大きな理由です。さらに「過去も探りたい」「人間はいったいどうなるのだろう」「人類の未来が知りたい」という欲求から、様々な研究を行っています。その結果、人類の未来の問題に対処できるようになるのではないかと思うのです。

高井　宇宙生命探査では、将来的に「ＳＥＴＩ《セチ》(Search for Extra-Terrestrial Intelligence／地球外知的生命探査)」が、とても重要になってくると思います。

山岸　現在、地球外の文明を地球上から探すプロジェクトの総称であるＳＥＴＩが、世界各国で進められています。ＳＥＴＩの中で、最も大規模に行われている研究は、電波望遠鏡で受信した電波を解析し、地球外知的生命から発せられたものを探すというものです。

高井　１９６０年にアメリカの国立電波天文台で行われた世界初の地球外知的生命探査「オズマ計画」では、直径26メートルの電波望遠鏡を「くじら座τ《タウ》星」と「エリダヌス座ε《イプシロン》星」

に向け、およそ150時間観測しましたね。ただ残念ながら、芳しい成果を上げることはできませんでした。

次世代の大型電波望遠鏡ＳＫＡプロジェクト

山岸　まだ本格的には進んでいませんが、次世代の大型電波望遠鏡「ＳＫＡ（Square Kilometre Array／スクエア・キロメートル・アレイ）」プロジェクトでは、ダークマターやダークエネルギーの謎の解明と並び、地球外知的生命探査もその目的に入っています。ＳＫＡプロジェクトとは、世界10カ国以上の国々が数千億円をかけて、２０２０年代に南アフリカとオーストラリアに電波望遠鏡を建設しようという計画です。

合計1平方キロメートルを超える集光面積を持つ世界最大の電波望遠鏡ですので、観測が始まったら、探査能力は格段に上がります。太陽系から宇宙論規模のスケールまで、幅広い科学的研究が飛躍的に進むと期待されています。地球外知的生命発見の可能性も高まるでしょう。

高井　火星やエンケラドスに行って、仮に地球外生命が存在したとしても、微生物以上のものではないでしょうが、もしＳＫＡが信号を捉えることができれば、知的生物が勝手に送ってくる情報をキャッチすることもできますね。

山岸　たとえば、向こうのテレビ電波をキャッチすれば、その生命がどのような姿をしているのかは一目瞭然ですし、ニュースをやっていれば、どんなことが話題になっているのかがわかります。裁判の話をしていれば法律も理解できる。だから、地球外知的生命探査では、実はSKAが意外と有効だし、最も早く結果を出せるのではないかと思っています。ただ問題は、「地球外知的生命なんて、存在するわけない」と思っている人が結構多いことです。

高井　まあ、私も「いないだろうな」と思っています。というか「出会えないだろうな」というのが正しい意見です。

山岸　そこも、結局は確率の問題ですね。

高井　地球外知的生命と交信するのでしたら、最もありえるのは電波です。でも、現在のところ、地球外から電波は届いていません。ということは、「今は地球の周辺にはいないらしい」と考えるのが妥当じゃないでしょうか。

　これについては、東京大学大気海洋研究所の川幡《かわはた》穂高《ほだか》先生が面白い話をしていました。地球外知的生命が存在するなら、必ず文明を築くはずで、それは電波を利用した文明であるはずだと。その文明が我々とコンタクトできないとすれば、それは文明の寿命が短いことを意味していると。つまり、地球外知的生命が誕生しないのではなくて、たとえ誕生したとしても、その生命がつくり上げた文明が極めて短い期間で滅亡するため、我々は出会えないのかもしれないという話です。

山岸　電波の届く距離は限られているから、まだわかりませんよ。現在の観測感度だと、検出できる惑星の範囲は、たかだか数光年でしかない。我々受け手側の感度が全然足りていないのです。

高井　でも、知的生命だったら、もっと遠くまで強いシグナルを送れるのではないですか？

山岸　向こうからは送っていないのかもしれません。

高井　微弱に漏れてくるやつを地球側が探すということですか？

山岸　そうそう。知的生命なら日常的に電波を使っているはずなので、それを探せば向こうの意図に関係なく探せます。でも、それを検出する感度が我々のほうに全然足りていません。それが、今度のＳＫＡで上がります。

感度も周波数帯も一度に観察できる範囲も、全部合わせると50年前と比べて10の26乗倍は向上しますが、それでも知的生命が日常的に使う弱い電波を調べられるのは10光年先くらいの範囲までじゃないかな。そうした電波を現在まで捉えられていないのは、観測できる範囲が限られているからです。

系外惑星だって、1995年までは「ない」ってみんなが言っていました。それが今や、候補も入れると、4000個以上も見つかっています。太陽のような恒星であれば、平均して1個くらいは惑星を持っている。さらに、太陽と同じようにいくつもの惑星を持っている恒星も見つかっています。しかも、その中の数十個はハビタブル、つまり液体状の水が存在していても不思議ではありません。そのような系外惑星が多数見つかっていて、今やどう生命を探そうかという競争になっています。

これからの宇宙探査に必要なこと

山岸 微生物くらいまでの生命については、太陽系を徹底的に調査するのがいいでしょうね。太陽系を探査するメリットは、採取した試料を持って帰りやすいこと。かなり詳しいことまで調べられます。

高井 調べなくてはならないのは、宇宙だけではありません。足下の地球の探査だって、まだマントルにすら到達していないわけですから。ただ技術的には難しいでしょう。しかも水はないし、温度も300℃以上あるので、生命が存在する可能性は低い。

山岸　実は、そういうところに、壊れた小惑星や微惑星由来の隕石が存在するのですよね。

高井　マントルは、どういう過程を経てつくられたのか実際のところはよくわかっていません。「だから、ダイレクトに採って、物質科学的な分析をしましょう。そうすれば、これまで考えてきたことが正しいのか間違っているのかがよりハッキリするはずですよ」というのが、「マントル掘削計画」の目標です。

同じように、宇宙探査も、隕石からわかるのだったら行かなくてすむけれど、隕石だけではやはり本質的なことはわからない。だから実際に行かないといけないわけですよね。

山岸　まずは、火星とエンケラドスですね。

高井　火星の場合、問題はどこへ行くかですよね。現実問題として、アメリカはクレーターの周辺を攻めています。

山岸　水やメタンが出ているところですね。火星に水があるのは確実として、今はもうメタンも見つかりました。先にも話しましたが、NASAのキュリオシティが、火星にメタンが存在することを確認しています。

高井　現在、エクソマーズ計画のトレース・ガス・オービターが火星を周回しながら、超高感度でメタンガスと水蒸気の分析をしていますね。

山岸　第2弾の探査ローバー「エクソマーズ・ローバー」の打ち上げは、2020年に予定されています。また、インドも火星周回探査機「マンガルヤーン」を、2014年9月に火星の周回軌道に到達させています。そのうち日本も動き出すのではないでしょうか。

高井　探査というのはどうしても一発勝負では決まらず、何度も行かなければなりません。だからいろいろな国が協力して一緒にやればいいと思いますね。

山岸　それに関しては、私もずっと言っています。ただ探査を進めるためにも、アストロバイオロジーがもっと広く周知されなくてはなりません。

高井　若い人はどんどん興味を持ってきているので、それを閉ざさないように親世代、祖父母世代にも知ってほしいですね。

おわりに

科学の楽しさは、それまで未知であったことが次々と明らかになっていくことです。ただし、その歩みは平坦ではありません。高井先生と私との対談を通して、今わかっていることとそうでないことの狭間を感じてもらえたでしょうか。二人には決定的に違う点もあるのですが、共通の理解もあります。これが、現在わかっていることです。一方、まだ一致していない点は、まだわかっていないことです。科学者の仕事はまだわかっていないことを研究して確かめることです。世界中の研究者が研究を進めています。

アレクサンドル・オパーリンは１９２０年代、生命の起源に関して初めて科学的な提案をしました。有機物がつくる球状の構造体コアセルベートを彼が発見したことにより、生命誕生の謎解明はもう間近だと思われたのです。ところが、１９５３年ジェームズ・ワトソンとフランシス・クリックがＤＮＡの二重らせん構造を発見して、その後の20年ほどで遺伝の仕組みが明らかになりました。わかってきた遺伝の仕組みはとても複雑で、遺伝の仕組みが自然に誕生するとはとても思えませんでした。さらにその後、ＲＮＡワールドが提案され、生命の起源は実験可能な研究となっています。

宇宙探査によって太陽系惑星の理解は深まりました。火星、そして木星や土星の氷衛星の様子がかなり詳しくわかるようになり、惑星や衛星表面の様子が想像できるようになってきました。今後、有機物の探査が進み、生命探査をどう進めるか、各国で検討されています。

天体観測も大きく進み、今や4000個もの太陽系外惑星が発見されました。液体状の水があるかもしれない惑星も数十個見つかっています。それらの惑星に生命がいるかどうか、知的生命がいる可能性がないか。今や、それをどう探すかという検討と、その探査のための巨大な望遠鏡の開発が進んでいます。地球外知的生命が夢物語やフィクションの世界だった時代は終わりを告げ、科学的研究の対象となっています。

かつて、宇宙は地球を中心に回っていると人々が信じていた時代がありました。ニコラウス・コペルニクス（1473〜1543年）は太陽の周りを地球が回っていると唱えました。これは、天文学における考え方の大転回でした。

現在、世界で数十万人の研究者が生物学関連の研究をしていますが、研究対象は地球生物に限られます。もし地球外生命が発見されるなら、生物学はコペルニクス的転回を迎え、地球生物学から真の「生物学」が誕生することになります。これはダーウィン進化論以来の、生物学の大転換となります。我々は今、そういう時代に生きています。

２０１９年11月６日　山岸明彦

図版制作　タナカデザイン

山岸明彦《やまぎしあきひこ》

分子生物学者、東京薬科大学名誉教授。1953年、福井県生まれ。81年、東京大学大学院理学系研究科博士課程修了。2015年から国際宇宙ステーションで行われている「たんぽぽ計画」の代表を務める。著書『生命はいつ、どこで、どのように生まれたのか』（集英社インターナショナル）など。

高井研《たかいけん》

微生物学者、海洋研究開発機構（JAMSTEC）深海・地殻内生物圏研究分野分野長。1969年、京都府生まれ。97年、京都大学大学院農学研究科水産学専攻博士課程修了。専門は極限環境微生物・生命の起源・宇宙生物学。著書『生命はなぜ生まれたのか』（幻冬舎新書）など。

対論《たいろん》！生命誕生《せいめいたんじょう》の謎《なぞ》

二〇一九年一二月一一日　第一刷発行

インターナショナル新書〇四七

著者　山岸明彦《やまぎしあきひこ》／高井研《たかいけん》

発行者　手島裕明

発行所　株式会社 集英社インターナショナル
〒一〇一－〇〇六四 東京都千代田区神田猿楽町一－五－一八
電話 〇三－五二一一－二六三〇

発売所　株式会社 集英社
〒一〇一－八〇五〇 東京都千代田区一ツ橋二－五－一〇
電話 〇三－三二三〇－六〇八〇（読者係）
〇三－三二三〇－六三九三（販売部）書店専用

装幀　アルビレオ

印刷所　大日本印刷株式会社

製本所　大日本印刷株式会社

ISBN978-4-7976-8047-8　C0245

インターナショナル新書

インターナショナル新書

039
ブレードランナー証言録
ハンプトン・ファンチャー他

SF映画『ブレードランナー』シリーズのクリエーターたちに独占インタビューを敢行。誕生秘話や制作裏話など、知られざるエピソードを多数収録。

042
老化と脳科学
山本啓一

「脳」と「老化」の関係は？『ネイチャー』誌などから世界最先端の研究をキャッチアップ！ 脳の老化を遅らせる治療法や生活習慣なども紹介。

043
怪獣生物学入門
倉谷 滋

ゴジラ、ガメラ、『寄生獣』のパラサイト……、SFの一ジャンルを築いた怪獣たちを徹底検証。怪獣とは何か？ その意外な答えを掘り起こしていく。

044
危険な「美学」
津上英輔

戦意高揚の詩、美しい飛行機作り、結核患者の美、特攻隊の「散華」。人を眩惑し、負の面も一気に正に反転させる美の危険を指摘する。

045
新説 坂本龍馬
町田明広

龍馬は薩摩藩士だった!? 亀山社中はなかった？ 新説が満載！ あなたの知っている坂本龍馬、フィクションではありませんか？

インターナショナル新書

046

瀬戸賢一

書くための文章読本

文末は文章を印象づけ、書き手の意思を伝えるために、とても重要な場所。ところが日本語の語順では最後に動詞がくるので変化をつけづらい。さらに「す」「た」などが連続し、単調になるという弱点もある。

ベストセラー『日本語のレトリック』の著者が、名文を引いて丁寧に構造を分析。文末を豊かにすることで文章全体が劇的に改善する実践的技巧を示した。これまでになかった画期的な「日本語論」を展開する、全く新しく、本当に役に立つ文章読本！　斎藤美奈子さん推薦！